无人系统技术出版工程

多机器人系统的动态任务分配与共享控制

Dynamic Task Allocation and Shared Control for Multi – Robot System

代　维　卢惠民　周宗潭　著

国防工业出版社

·北京·

内 容 简 介

随着多机器人系统的广泛应用,如何提高系统的智能性,实现更加高效的多机器人控制以应对这逐渐复杂、动态的任务环境成为众多研究的关注点。而多机器人系统的智能一方面体现在其本身的机器智能,包括各种硬件的配置以及相应的算法设计等,另一方面体现在作为操控者的人类智能。针对前者,目前主流的方法便是基于机器学习使多机器人系统拓展丰富自己的智能化水平,而后者则是借助人类智能实现人在回路的多机器人共享控制。本书以多机器人控制为主线,以三种典型的多机器人任务环境为背景,分别提出三种控制方案,并搭配充分的仿真实验与实物实验验证其效果。针对典型的应用环境,无论是在仿真还是在实物实验中都能体现出较当前主流方法的优越性,为不同任务场景下多机器人系统的控制方案选择提供重要参考。本书的读者对象包括从事多机器人系统或人机共享控制研究的科研工作者。

图书在版编目(CIP)数据

多机器人系统的动态任务分配与共享控制/代维,卢惠民,周宗潭著.—北京:国防工业出版社,2023.2
ISBN 978 – 7 – 118 – 12625 – 9

Ⅰ.①多… Ⅱ.①代… ②卢… ③周… Ⅲ.①机器人技术—研究 Ⅳ.①TP242

中国国家版本馆 CIP 数据核字(2023)第 014246 号

※

国防工业出版社出版发行

(北京市海淀区紫竹院南路 23 号 邮政编码 100048)
天津嘉恒印务有限公司印刷
新华书店经售

*

开本 710×1000 1/16 印张 7¾ 字数 125 千字
2023 年 2 月第 1 版第 1 次印刷 印数 1—1500 册 定价 80.00 元

(本书如有印装错误,我社负责调换)

国防书店:(010)88540777 书店传真:(010)88540776
发行业务:(010)88540717 发行传真:(010)88540762

《无人系统技术出版工程》
编委会名单

主编　沈林成　吴美平

编委　(按姓氏笔画排序)

卢惠民　肖定邦　吴利荣　郁殿龙　相晓嘉

徐　昕　徐小军　陶　溢　曹聚亮

序

近年来,在智能化技术驱动下,无人系统技术迅猛发展并广泛应用:军事上,从中东战场到俄乌战争,无人作战系统已从原来执行侦察监视等辅助任务走上了战争的前台,拓展到察打一体、跨域协同打击等全域全时任务;民用上,无人系统在安保、物流、救援等诸多领域创造了新的经济增长点,智能无人系统正在从各种舞台的配角逐渐走向舞台的中央。

国防科技大学智能科学学院面向智能无人作战重大战略需求,聚焦人工智能、生物智能、混合智能,不断努力开拓智能时代"无人区"人才培养和科学研究,打造了一支晓于实战、甘于奉献、集智攻关的高水平科技创新团队,研发出"超级"无人车、智能机器人、无人机集群系统、跨域异构集群系统等高水平科研成果,在国家三大奖项中多次获得殊荣,培养了一大批智能无人系统领域的优秀毕业生,正在成长为国防和军队建设事业、国民经济的新生代中坚力量。

《无人系统技术出版工程》系列丛书的遴选是基于学院近年来的优秀科学研究成果和优秀博士学位论文。丛书围绕智能无人系统的"我是谁""我在哪""我要做什么""我该怎么做"等一系列根本性、机理性的理论、方法和核心关键技术,创新提出了无人系统智能感知、智能规划决策、智能控制、有人–无人协同的新理论和新方法,能够代表学院在智能无人系统领域攻关多年成果。第一批丛书中多部曾获评为国家级学会、军队和湖南省优秀博士论文。希望通过这套丛书的出版,为共同在智能时代"无人区"拼搏奋斗的同仁们提供借鉴和参考。在此,一并感谢各位编委以及国防工业出版社的大力支持!

吴美平

2022 年 12 月

V

前　言

多机器人系统(MRS)得益于较单机器人系统的巨大优势而被众多领域的研究人员所关注。为适应逐渐复杂化和动态化的任务环境，如何提高系统的智能化水平已然成为该领域的研究重点。多机器人系统的智能一方面体现在其本身的机器智能，主要包括各种硬件的配置以及相应的算法设计，另一方面也与作为操控者的人类有关。针对前者，目前最主流的思路是通过机器学习拓展与丰富多机器人系统的机器智能，而后者则主要依托人类智能实现人在回路的人－多机器人系统共享控制。本书以多机器人控制为线索，针对三种典型的多机器人任务场景，从上述两个方面探索提升多机器人系统智能化水平的技术方案。

多机器人协同探索与打击的动态任务分配研究，以弱合作框架下的多机器人搜寻任务为背景，重点关注多机器人系统在探索未知环境与打击对抗目标时的动态任务分配问题。由传统算法出发，对基于市场竞拍与空闲链的任务分配算法框架进行改进，以适用于该环境中的动态分配问题。然后引入深度Q学习算法引导(多机器人系统)完成动态任务分配，其中环境信息表达、奖励函数设计、动作选择策略是算法设计的关键。整个任务分配过程完全依靠机器智能自主完成，无须人类干预，并且采用数据驱动形式，摆脱对问题建模的依赖。

基于观点动力学的人－多机器人系统共享控制框架研究，以对抗框架下的机器人足球世界杯中型组比赛为背景，探究人－多机器人系统如何在差异化世界模型下达成策略共识。首先定义单机器人策略观点，用以描述策略选择的概率分布，然后以策略观点为节点建立观点动力学模型，获得多机器人策略共识。考虑到操控者的不确定性与倾向性，有异议的人类观点将通过脑机接口技术表达，并以新节点的形式加入观点动力学模型后重新生成策略共识，最终的策略生成充分发挥了人类智能与机器智能的优势,实现人机共享控制。该控制方案无须提前训练模型参数,人类可随时在策略级上参与多机器人控制,灵活应变的同时也减轻了人类在共享控制中的负担。

基于意图场的人–多机器人系统共享控制框架研究,以强合作框架下的多机器人抢险救灾任务为背景,提出了适用于动作级连续控制的人–多机器人分层共享控制框架。上层采用意图场模型构建人与机器人的共同意图,下层使用策略混合模型融合多种速度分量,保证多机器人系统在规避障碍物的同时保持一定的编队构型,并顺利抵达抢险区域完成任务。该框架下的人类意图同样依托脑机接口技术表达,视觉刺激范式直接叠加在待选目标上,人类操控者可以在关注环境信息的同时自然地完成选择。过程数据的充分利用弥补了脑机接口技术在实时性方面的不足,使操控者与多机器人系统能够同时参与连续的动作级共享控制,而非有条件的控制权切换。

本书针对典型的应用场景分别提出了三种各具特点的多机器人控制方案,无论是在仿真实验还是在(半)实物实验中均能表现出较当前主流方法的优越性,为不同任务场景下多机器人系统的控制方案选择提供了参考。

本书得到了国家重点研发计划(2017YFC0806503)的资助,以及国家自然科学基金(U1913202,U1813205)和湖南省研究生科研创新项目(CX2018B010)的资助。

致　谢

　　致谢的开始也代表了博士学习生活的结束,回望四年时光、过往岁月,依稀在目。不管是课题研究还是日常生活,都少不了老师、同学、朋友、亲人的帮助与支持,希望能在论文付梓之际,向他们表达最真挚的谢意。

　　首先由衷地感谢我的导师郑志强教授和周宗潭教授,他们对论文的选题、技术路线的确定以及论文的撰写思路都起到了至关重要的作用。两位导师都有着广阔的学术视野、坚实的理论基础以及丰富的实践经验,总能在关键时刻为我指点迷津,一步步引导我顺利完成博士论文的研究工作。导师们严谨的治学态度和求真务实的工作作风令我受益匪浅,对我将来的学习和工作都产生了深远的影响。

　　由衷感谢课题组卢惠民教授和肖军浩副教授对本课题的全程指导,深入参与课题技术研讨并提出宝贵建议,对论文的撰写提供了巨大帮助。两位老师为课题的实施细节出谋划策,保证了课题的顺利开展,并且多次为我修改论文,提升了论文质量。老师们在学术作风、汇报技巧以及写作能力的培养上也倾注了大量心血,这些都将是我受用终生的宝贵财富。

　　由衷地感谢实验室徐晓红老师,徐老师从本科开始就作为我的全程导师,无微不至地关心着我的学业和生活,也是在她的介绍下有幸进入现在的课题组,开启了充实而丰富的科研之路。不光是对我课题的指导,徐老师更教会了我许多为人处事的道理,令我受益匪浅。

　　由衷感谢格罗宁根大学曹明教授在我联合培养的一年间对我课题研究的悉

心指导与支持,曹老师严格的求学态度和发散的学术思维扩展了我博士课题的研究思路,使我能够跳出最初的思维困境,找到新的研究方向。

衷心感谢智能科学学院其他老师与领导的热心关怀,为本课题的顺利开展提供了支持和帮助。他们是:张辉老师、刘亚东老师、王祥科老师、徐明老师、李治斌老师、彭辉老师、郎琳老师、郭瑞斌老师、荀簇政委等。

衷心感谢曾志文师兄、熊丹师兄、于清华师兄、黄开宏师兄、梁杰师兄、程帅师兄、郑小祥师兄、杨祥林师兄,感谢他们在学术和生活中对我的帮助和指导。同时也感谢实验室任君凯、黄玉玺、程球、刘懿、钟煜华、欧阳波、姚伟嘉、罗莎、熊敏君、陈鹏、王盼、陈谢沅澧、马俊冲、王润泽、洪少尊、李义、邱启航、闫若怡、周智千、陈柏良、施成浩、朱安琪、韩冰心、李筱、朱珊珊、朱鹏铭、郭子睿、钟铮语、赵阳、程创、邓文邦、郭策、张道勋、任昊然、张志文、张峻绮、李垚等同学及师弟师妹,还有尹启睿工程师。感谢他们对本课题的大力帮助,保证了课题的顺利开展与结题。

感谢多年来一起生活和奋斗的同窗石岩、章力、马超、吴寒、吴雪松、苏建坡、陈泽等,是你们的陪伴、鼓励和支持,使得我的科大生活变得丰富多彩。

感谢父母对我的关爱与包容,你们的默默支持是我坚持下去最大的动力。最后将最真挚的谢意送给陪我一同度过本硕博十年科大生活的妻子刘亚茹,你的陪伴与支持让我们的求学之路变得温馨愉快且意义非凡。

目　录

第1章 绪 论

1.1 研究背景和意义

机器人(robot)是一种可以通过计算机编程并以半自主或全自主形式执行一系列复杂任务的机器。它可以由外部控制设备引导,也可以直接嵌入控制器。机器人可以按照人类形态来构造,但为了照顾不同任务的执行需要,大多数机器人的设计都以实用为主,并不考虑美观。机器人技术的研究起源于 20 世纪中叶,盛行于现代工业社会,经历了几十年漫长的发展,已经从实验室逐渐渗透到了社会生活的方方面面。

▶ 1.1.1 研究背景

以机器人技术为基础的多机器人系统(multi - robot systems,MRS)已在近 10 年间取得了长足的发展,它们被成功地应用在各种环境中追求不同的研究目标。其盛行的原因主要在于 MRS 相较于单机器人系统(single - robot systems,SRS)与生俱来的优势[1-3]。

(1)MRS 是一个并行系统,在执行诸如建图、搜寻或者环境探索等目标区域数量较多,且在空间上具有分散性的任务时具有更高的执行效率;

(2)与构建一个拥有所有功能的 SRS 相比,采用能力有限的单台机器人组成的 MRS 反而更加实用高效;

(3)通过机器人之间的沟通与合作,MRS 能够应对更加复杂的任务环境,拥有更强的执行能力;

(4)分布式 MRS 在容错稳定性上也体现出显著的优势,当系统中的个别机器人失效时,其余机器人将顶替其角色继续完成任务。

这些技术优势使得 MRS 适用于绝大多数的机器人应用,尤其是涵盖高度复杂的协作任务的领域。现实世界的诸多应用场景都将受益于 MRS 的采用,这些应用包括但不局限于港口集装箱管理[4]、未知区域探索[5]、抢险救灾[6-7]、工业制造[8]、仓储物流[9]、安全防护[10],以及军事打击[11]等。这些应用不仅涉及 SRS,在 MRS 领域则更受关注。工业制造中通过多机械臂协同作业,可以在提高生产效率的同时减轻人类工作量,避免人为误操作引起的生产事故,如图 1.1(a)所示。在环境探索应用中,多台地面移动机器人协同执行任务,快速完成对指定区域的搜寻覆盖,如图 1.1(b)所示。应用于仓储物流中的 MRS 包含大量异构机器人,根据执行机构的不同能够分别完成分拣、运输、入库等操作,如图 1.1(c)所示。当遇到超重超大物体时,还可以通过多机器人合作进行搬运。如图 1.1(d)所示,灾害救援现场同样可以利用 MRS 替代人类救援队完成搜救,机器人的高机动性与丰富的感知能力能够提高搜救效率,降低施救人员的受困风险,同时也减轻对伤员的二次伤害。到目前为止,MRS 领域仍旧充满机遇与挑战,大量的研究有待挖掘与深入。

(a) 工业制造

(b) 环境探索

(c) 仓储物流

(d) 抢险救灾

图 1.1　现实世界中常见的 MRS 应用场景

1.1.2　研究意义

　　与大多数技术进步一样,MRS 相较于 SRS 拥有诸多优势的同时也提高了系统的复杂度,带来了不少新的控制问题。而这些问题归纳起来大体可以分为两类:一类是分解,即如何将团队级任务拆解分配给系统中的每台机器人,而它们又是如何在不冲突的前提下高效完成这些子任务的,关于这方面的研究有多机器人任务分配,多机器人路径规划等;二类是合作,即多台机器人如何通过协同合作共同完成某一任务,多机器人策略一致性和多机器人编队控制等研究内容就跟这方面相关。尽管目前已有大量关于多机器人控制的研究，其中不乏成熟稳定的实施方案。但在大多数研究中，MRS 的最终表现都极度依赖预先建立的算法框架，以及机器人的数据采集(感知信息、通信信息等)效果。但算法设计注定具有局限性，无法考虑任务执行过程中的所有突发状况，而且实际应用中传感器误差以及通信延时等情况同样无法避免。所以随着 MRS 的广泛应用，如何提高系统的智能化水平，实现更加高效的多机器人控制以应对这逐渐复杂、动态的任务环境成为众多研究的关注点。针对多机器人控制，一方面是提高其本身的机器智能，另一方面则是借助人类智能的引导。对于前者，目前最火热的方法便是利用机器学习使 MRS 拓展丰富自己的智能化水平，而后者则是引入人类智能实现人在回路的多机器人共享控制。本书将分别从这两个维度出发，探索适用于 MRS 的新的控制框架，以提高 MRS 的智能化水平。

1.2　国内外研究现状与发展趋势

MRS 因其优秀的特质而被众多研究领域所广泛关注，同时也带动了与多机器人控制相关的研究发展，其中最为关键的问题便是如何充分利用已有资源(团队中可用的机器人、传感器采集到的环境信息、机器人间共享的通信信息等)高效完成既定任务。机器人之间必须通过合理的协商机制决定完成什么任务，谁去完成该任务，怎样完成该任务，同时与人类观察者或者操控者的积极交互也是值得考虑的因素。本书根据图 1.2 所示的思路开展接下来的研究，并有针对性地调研了其中部分关键技术在国内外的研究现状与发展趋势。

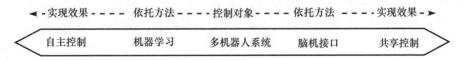

图 1.2　整体研究思路

▶ 1.2.1　多机器人系统的体系结构

一般来说，MRS 可以被定义为在同一环境中运行的一组机器人，其范畴可以从简单的传感器(获取和处理数据)到能以相当复杂的方式与环境互动的类人机器人[12]，而本书所关注的均为地面移动平台所组成的 MRS。早在 20 世纪 80 年代就有初步的研究基于移动 MRS 开展实验，发展至今，该领域已取得非常丰硕的研究成果，惠及社会生产生活的方方面面[13]。从应用层面上来讲，可以将移动 MRS 笼统地分为两大类:集群系统(collective swarm systems)和有意合作系统(intentionally cooperative systems)。集群系统中的机器人仅需获取极少其他团队成员的信息即可独立完成自己的任务[14-15]。这些系统的典型假设是大量同构的移动机器人基于本地控制器生成全局一致的团队行为,而机器人之间几乎不存在显式的通信。反观有意合作系统中,机器人需要了解环境中其他团队成员的存在,并根据其队友当前的状态、动作或能力信息,合作实现同一目标,本书所关注的 MRS 均为有意合作系统。根据 MRS 中团队成员之间的信息交互程度又可以将有意合作系统划分为强合作框架与弱合作框架(strongly or weakly cooperative solutions)[16]。强合作框架要求机器人协同行动以实现共同目标,执行无法简单序列化的任务,例如以编队形式完成多机器人围捕任务[17]或者物体搬运任务[18]。通常,类似的任务都要求机器人之间保持稳定的通信与同步。而弱合作框架中机器人在协调任务与角色后具有一定的操作独立性,例如典型的任务分配应用[19],机器人之间只有在协调分配时才会产生交互[11]。有意合作系统可以应对异构型的 MRS,其中团队成员在传感器与执行机构上都可以表现出性能或者结构差异。在这样的团队中,机器人的协同方式可能与集群系统不同,因为团队中的机器人具有独特性而不能互换。除此之外,若环境中存在目标不同甚至对立的另一组机器人时,就构成了更加复杂的对抗框架,从而引出多机器人策略估计与博弈等相关研究内容。

　　MRS 体系结构的整体设计会对系统的鲁棒性与可扩展性产生重大影响,同时也是机器人之间的交互基础,因此必须考虑团队中的各台机器人如何在该体系结构中产生群体行为。从控制形式上讲,MRS 最常见的分类方式如图 1.3 所示:集中式控制、分布式控制以及混合式控制[20-21]。集中式控制的中心节点需要获得整个系统的状态信息(包括环境信息与机器人信息等),中心控制节点依据其他节点提供的信息制定控制方案[22],集中式控制的形式简单,执行效率高,是 MRS 出现之初最常见的控制形式。但随着系统中机器人数量的增长,运行环境也逐渐扩大,中心节点受通信能力或计算能力的约束难以准确地获取并整合环境中所有机器人的状态信息,也就无法获得全局最优的控制方案。至此集中式控制的发展进入了瓶颈期。与之相反的分布式控制则正好适应了大环境下 MRS 的控制需求,每台机器人都可以根据自身所获得的部分环境信息独立地完成控制任务[23]。但与此同时,由于缺失了全局控制,可能出现决策冲突或目标不一致的情况,导致整个系统的执行效率降低[24]。于是为了在集中式控制和分布式控制之间找到平衡,便出现了混合式控制形式。各种 MRS 的控制形式都经历了充分的发展,其中不乏具有里程碑意义的研究成果。Mataric[25]早在 1995年就开展了对 MRS 的社会行为研究,并采用 20 台如图 1.4(a)所示的 Nerd Herd

机器人组成团队进行了实验验证。该分布式控制形式作用于大量同构且具备简单行为能力的机器人,是典型集群系统的代表,该项工作也表明高级的集体行为可以通过低级的基本行为组合产生。另一个关于 MRS 体系结构的早期工作是 Parker[26]在 1998 年开发的 ALLIANCE 架构,用于异构 MRS 中的容错性任务分配,如图 1.4(b)所示。该方法通过设定行为集与动机(执行任务的积极程度)实现机器人动作的选择,而不依赖团队成员之间的显式通信,并通过组合低级行为执行特定的高级任务。该研究是基于行为的方法代表,无须显式协商就可以实现异构机器人团队的协同控制。随后的 2001 年,Simmons 等[8]开发了一种分布式机器人体系结构(distributed robot architecture,DIRA)。与基于 Nerd Herd 和 ALLIANCE 的方法类似,如图 1.4(c)所示的 DIRA 同样支持单机器人自主控制,同时还可以促成机器人之间的显式协同。在该方法中:每台机器人的软件框架都包含一个规划层用于决定如何实现高层目标;一个执行层实现机器人同步、任务排序并监视任务执行情况;作为机器人传感器和执行器接口的行为层。

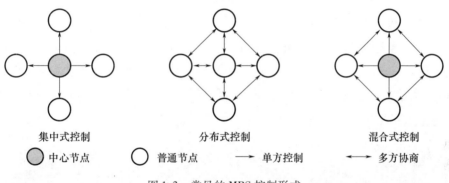

图 1.3　常见的 MRS 控制形式

(a) 同构Nerd Herd机器人　　(b) 基于ALLIANCE架构的MRS　　(c) 基于DIRA架构的MRS正
　　组成的MRS　　　　　　　正在执行地面清理任务　　　　　在执行装配任务

图 1.4　MRS 典型体系结构的经典应用

即使仅考虑 MRS 子集(部分机器人)的情况,也很难设计出适用于所有应用场景的通用结构,使得研究人员必须为特定的机器人应用设计专门的体系结构。

此外,MRS 更不能简单地视为单机器人情形的叠加,所提出的方法必须根据有关环境的假设以及系统组织结构的特点进行准确的表征[27]。由于 MRS 常运作于真实场景,从环境中获取的信息具有不确定性和不完整性,这也使得 MRS 的实验验证更具挑战。而在研究 MRS 体系结构时也需要充分考虑真实环境中的各种局限性,包括但不局限于传感器信息采集以及网络通信过程中可能产生的不良影响。

1.2.2 多机器人系统的主要研究方向

迄今为止,由于 MRS 的复杂性以及相关支持技术的相对滞后,能够真正投入使用的 MRS 并不多见,绝大多数的研究方向只基于实验室环境完成了理论证明。常见的测试环境多部署于实验室中,且基于实际应用背景搭建,虽然这些测试环境还没有达到实际场景的水平,但确实为研究人员提供了测试和对比多机器人控制策略的替代平台。随着软硬件技术的不断发展,MRS 的研究与利用价值也将在实际的生产生活中得以充分体现。

1. 多机器人搜寻任务

多机器人搜寻任务是一种针对 MRS 的传统研究方向,尤其关注包含大量机器人的集群系统,如图 1.5(a)所示。该场景中,模拟食物、空投物资等资源的目

(a) 多机器人搜寻任务　　　(b) 群集与编队控制　　　(c) 多机器人协同搬运物体

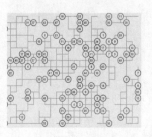

(d) 多目标观测　　　(e) 多机器人路径规划　　　(f) 机器人足球 (NuBot)

图 1.5　MRS 的常见研究方向[28]

标物随机分布在环境中,机器人负责收集目标资源并将其运送到指定的聚集区域[29]。搜寻任务特别适合研究弱合作框架下的 MRS,因为各机器人的动作相对独立不必紧密同步。该任务场景与集群生物系统的生活方式非常相似,同时也与一些实际应用相关联,例如有毒废物清理、排雷任务等。此外,由于搜寻任务通常需要机器人在完成环境探索后才能发现感兴趣目标,因此还伴随着区域覆盖问题[30],要求多机器人快速探访所有环境区域,寻找可能存在的隐藏目标(如地雷或者敌方势力)[31-32],又或者是对环境中的所有区域执行特殊操作(如清理地面)。本书第 2 章所关注的探索与打击问题也是 MRS 搜寻任务的延伸。在类似搜寻任务的一系列研究中,最基本的问题就是如何使多机器人在快速探索环境的同时减少冗余动作且避免彼此冲突。

2. 群集与编队控制

群集与编队控制以协调机器人之间的相对运动为研究重点,自从 MRS 诞生之初就广受关注。群集问题可以看作是编队控制问题的一种特例,它要求多机器人以集合体形式一起移动,但对个别机器人所采用的路径不做特别要求。而编队则更加严格,要求机器人在环境中移动时保持一定的相对位置,如图 1.5(b)所示。类似问题多假设团队中的机器人只具备有限的感知、计算、执行以及通信能力,所以必须依靠团队协作才能完成指定任务。群集与编队控制的关键问题就是设计每台机器人的局部控制器以产生期望的集体行为。其中典型的研究包括基于协同自定位的编队控制[33-34],以及为固定排列的多机器人编队规划路径[35]。其中 Reynolds[36]采用的基于规则的方法为多智能体的群集问题提供了早期解决方案。类似地,基于行为或规则的方法已被用于实物 MRS 的研究与演示[37],这些较早的解决方案都从工程角度出发,基于人为设计的本地控制规则,其有效性在实践中得到了充分的证明。而最近的研究工作则侧重控制理论分析,重点在于证明 MRS 团队行为的稳定性和收敛性[38-41]。MRS 的编队控制问题在本书的第 4 章中也有所体现。

3. 多机器人协同搬运物体

多机器人协同搬运物体是多机器人技术中最早涉及的工作之一[42-45],其核心内容就是组织多台机器人将物体从当前位置移动到环境中的目标位置,如图 1.5(c)所示。使用 MRS 来执行该任务的主要优势就是能够移动单机器人无法承受的超大超重物体。但具体操作起来并不是那么容易,虽然设计分布式的机器人控制算法来协调运输过程中的机器人行动并非难事,但困难在于机器人与物体之间相互作用的动力学特性可能会对运输过程中物体的几何形状改变[46-47]或旋转[47]非常敏感,从而加剧了控制问题的复杂度。物体运输的一种常见应用就是推箱子,需要 MRS 将箱子从起始位置移动到指定的目标区域,有时甚至规定了搬运路线。通常箱子的推动是在平面上进行的,并且假设箱子超重或超大致使单个机器人无法推动。有时有多个物体需要移动时,必须考虑搬运顺序,有时还要求机器人将物体抬起到一定高度并运送到目的地。该应用场景特别适合研究强合作框架下的 MRS[48],因为机器人必须实现动作的高度同步才能顺利执行任务。研究者通常会针对协同搬运物体过程中的某一方面开展重点研究,例如多机器人基于协同控制技术如何推动物体[42],自适应任务分配技术的应用[26,49],信息不变性以及感知、通信和控制的互换性概念[50],或是复杂环境下采用协同控制技术的可行性[8]。

4. 多目标观测

多目标观测是指需要多台机器人来监视或者观察在环境中移动的多个目标,其目的是尽量保证所有目标在任务执行的全过程中都能被 MRS 所观测到,如果目标数量多于机器人,则该任务将更具挑战性,如图 1.5(d)所示。由于执行过程中各机器人必须协调自己的运动或者适时地切换目标,以实现系统观测的最大化,所以该场景对于研究强合作框架下的 MRS 非常有效。以多机器人协同观测多移动目标(cooperative multi – robot observation of multiple moving targets, CMOMMT)为研究方向,二维平面版的测试平台由 Parker[51] 于 1999 年首次使用,而后还出现了扩展至复杂地形环境或用于飞行器应用的三维版本[52]。除此之外,该应用也与其他领域的实际问题相关,例如画廊算法、逃避追捕[53]、传感器覆盖范围[54,55]、监视与侦察应用[56-57]等。

5. 多机器人路径规划

多机器人路径规划通常在机器人运动空间有限(例如道路网络)或机器人本体占据较大部分的可移动区域时提出。多机器人在共享环境中运行时,必须协调其动作以防止相互干扰,如图 1.5(e)所示。该研究中,开放空间是机器人必须尽可能高效使用的共享资源,进而避免碰撞和死锁。环境中的机器人通常都有各自的目标,并且需与其他机器人协调以确保它能使用共享空间到达目标区域。为了解决这一问题,已经引入了多种技术,例如常见的交通规则将道路细分为多个部分,机器人会在特定时刻对一(多)部分道路拥有单一所有权,只需进行简单的几何路径规划就能到达目标区域[58]。有关该问题的最早研究大多基于启发式算法,例如预定义的运动控制规则可以防止死锁[59],或是分布式计算中使用的类似于互斥的技术[60-61]。这些方法的好处在于简单实用,可以将获得解决方案的计算成本降至最低,而其他更正式的技术研究则要求在时间和空间中对多机器人路径规划算法进行更加精确的设计。尽管这些算法可以提供更通用的解决方案,但对于实际应用而言,由于环境的动态性,它们通常都需要密集计算而显得不切实际。在常见的应用场景中,近似算法已经足够,例如通过路线图限制搜索空间的集中式技术[62-63]，以及基于优先级的解耦设计方法[64-65]（即一个接一个地生成机器人路径）或路径协调算法（即先进行单机器人的路径规划，然后再调整以避免碰撞）。

6. 机器人足球

机器人足球以 RoboCup[66] 机器人足球世界杯国际比赛为代表，自问世以来已成为研究 MRS 中协同与控制策略的挑战，并已取得巨大的发展。该领域包含了多机器人控制问题中的诸多研究方向，包括协同合作[67-68]、控制架构[69]、策略一致[70]、实时推理与行动[71]、多传感器信息融合[72]、对抗环境的应对[73]、认知建模与机器学习[74]等。机器人足球比赛相较于其他 MRS 应用的显著特点是机器人必须在对抗环境中运行，同时也因为其在教育领域的推广优势而备受欢迎，吸引了来自世界各地的学生和研究人员参与竞赛。依托课题组多年参与 RoboCup 中型组比赛的经验积累[71,75-76]，本书第 3 章将针对机器人足球比赛中的策略一致性开展研究，并且在第 4 章中的实物实验也将基于课题组成熟的足球机器人平台实现，如图 1.5(f) 所示。

1.2.3　多机器人系统的新兴技术

随着 MRS 的蓬勃发展，越来越多的新兴技术被众多研究者引入到 MRS 领域，以解决新的多机器人控制问题，接下来将以本书所涉及的机器学习、脑机接口以及共享控制技术为重点，讨论其国内外研究现状与发展趋势。

1. 机器学习(machine learning)

随着 MRS 的普遍应用，高动态、大范围的未知环境形成挑战，传统方法逐渐力不从心，因为算法的设计者无法从一开始就预见机器人将会遇到的所有情况，并提前设计好对策。虽然传统的多机器人控制方法在确定及相对稳定的环境中有很好的表现，但是基于机器学习的算法则更有能力去处理可能遇到的复杂环境。现阶段运用于 MRS 中的学习算法大多数是强化学习，原因在于其简单的实现方式及良好的实时表现。例如，Ito 和 Gofuku 提出了一个两层结构的多机器人协同框架，他们在顶层利用集中式的机器学习算法完成决策[77]，而底层则利用基于规则(rule - based)的分布式控制方法实现了机器人的运动控制，使其能够根据上层的决策到达特定的位置并执行特定的动作。

强化学习算法，特别是 Q 学习算法，以其简单的实现形式和优异的实时性表现在未知、无组织和动态环境下的 MRS 中得到了广泛的应用，其关键理论基础就在于如图 1.6 所示的马尔可夫决策过程(markov decision process，MDP)。该领域早期比较为人所熟知的工作是 Parker 在 2002 年提出的两个重要方面的多机器人学习研究[78]：一是机器人依靠自我能力学习新的行为，二是学习参数调整。在行为学习中包括两种方法：一种称为消极 Q 学习或懒惰 Q 学习（lazy Q – learning）算法，他结合了消极学习和 Q 学习的特点；另一种是将 Q 学习算法与矢量量化相结合（vector quantization with Q – learning，VQQL），目的是利用强化学习算法解决更为普遍的多机器人问题。而关于参数学习能力的研究就是前面所提到的基于行为激励的 L – ALLIANCE[55]算法，它能够使机器人根据自身能力、队伍组成或者外部环境的变化，通过学习的方法自动更新自己的控制参数以调整行为的选择。

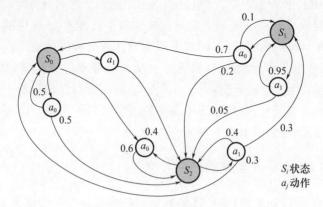

图 1.6　马尔可夫决策过程示例

随后，关于 MRS 领域中强化学习算法的应用就如雨后春笋般出现。Kapetanakis 和 Kudenko 提出了多重单智能体学习（single – agent learning）以及群体多智能体学习（social multi – agent learning），关键区别在于学习时是否利用团队中其他机器人的知识[79]。Martinson 和 Arkin 将 Q 学习算法运用到了多机器人搜寻任务中，使机器人通过学习完成角色的选择，最后通过仿真实验完成了算法验证[80]。Kovac 等通过强化学习算法完成了推箱子的游戏，不同的是，在游戏中出现了两种不同的参与者"pusher"和"watcher"，后者拥有上帝视角，通过观察整个环境状态然后广播给其他机器人，前者就是负责执行推箱子动作的传统角色，而推的方向选择则来自 Q 学习的结果。由于存在一个广播节点，所以该方法的效果很大程度受制于通信质量[81]。Taylor 和 Stone 的研究没有具体地将强化学习运用到某个工程应用中，而是提出了一种迁移学习方法能够将学习得到的"知识"从一种任务转移到另一种状态行为空间完全不同的任务中，大大节省了强化学习在新任务中的训练时间[82]。

如今，越来越多的强化学习算法被运用到多机器人领域[83-84]，但是随着机器人数量规模和运行环境的逐渐扩大，超大的学习空间（等同于 Q 学习算法中

Q - table 的规模)是制约强化学习算法继续发展的最大瓶颈。所以很多的研究者将目光投向了神经网络或遗传算法,尝试减小学习空间,而深度学习[85]似乎是最佳的解决方案,于是诞生了深度 Q 学习算法。神经网络特别适合对高度结构化的数据进行特征提取,于是众多研究利用神经网络来表示 Q 函数(Q - table),不再人为地进行状态的低维抽象,而是直接将多帧环境图像作为状态输入。这些图像序列可以有效地表征 Q 学习算法中用到的包括机器人速度、位置、朝向以及各个任务位置、完成情况等状态信息,更包含了许多不显式体现的状态信息。并且由于对状态没有针对性地人为抽象,该网络还可以运用到其他状态空间相同但应用场景有差异的 MRS 中,具有一定的泛化能力。图 1.7 简单呈现了 Q 学习算法与深度 Q 学习算法的异同。如图 1.7 所示,如果利用神经网络代替 Q 函数,则输入可以只包含当前状态(例如连续的图像序列等),并得到所有可能的动作选择所对应的 Q 值。下一步就可以根据计算的 Q 值,结合贪心策略(或者是 ϵ - greedy 策略,log 概率搜索策略等)选择合适的动作。

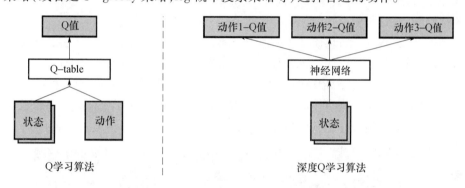

图 1.7　Q 学习算法与深度 Q 学习算法的异同

2. 脑机接口(brain - computer interface,BCI)

脑机接口技术的历史可以追溯到 20 世纪 70 年代初[86],首次由 Jacques Vidal 提出并开发了多个脑机接口范例。但受技术水平的限制,这一概念从提出伊始至此后的近 20 年间,并没有受到研究者们的广泛关注而发展缓慢。直到 1988 年,Farwell 和 Donchin 首次成功利用 P300 信号完成了字符拼写[87],在此之后的近 30 年里,BCI 技术的研究才真正驶上了快车道。研究 BCI 的最初目的是帮助残疾人使用脑电信号与外界进行交流,摆脱对肌肉及其相关联的神经系统的依赖[88-89]。辅助医疗领域的迫切需求直接刺激了 BCI 的快速发展,而 BCI 技术取得的长足进步又惠及严重运动损伤病人的辅助康复。2012 年,一名因中风而四肢瘫痪的病人利用 Hochberg 团队设计的 BrainGate 脑机接口系统成功地控制机械臂端起咖啡送到自己嘴边[90]。而到了 2014 年,美籍巴西裔科学家

Nicolelis 团队设计的基于脑机接口的机械外骨骼,帮助一名瘫痪青年在巴西世界杯的开幕式上成功实现了行走并象征性地开球。回顾过去的几十年间,BCI技术的发展为重度神经肌肉疾病患者提供了替代性的交互工具,提高了他们的自理能力,同时减轻了家庭和社会负担[91]。

BCI 兴起于医疗助残应用,其初衷是为丧失或部分丧失运动能力的人提供一个与外部世界交互的替代手段。随着研究的不断深入,其适用范围已不止于实验室和医院,并逐渐扩展到健康人群的非医疗应用,如图 1.8 所示。这种直接通过"意念"操控的交互方式越来越受人们欢迎[92-94]。这使得 BCI 技术在新型人机交互领域,尤其是面向机器人控制应用方面取得了巨大成就。从大家熟知的脑控轮椅[95]到脑控机械臂[90,96-98],再到基于脑电信号的机器人远程控制[99],BCI 技术已经大量出现在类似的控制系统中。起初,机器人的控制信号直接来源于 BCI 的输出,这意味着用于动作控制的命令是直接从脑电信号转换而来。而随着机器人技术的发展,机器人控制已逐渐从动作控制发展为行为控制或者决策控制,在这种情况下,机器人本身具有一定的智能[100]。Yuan 等[101]以室内移动机器人为测试平台,研究了一种基于 BCI 的导航和控制技术,其中 BCI 用于指示障碍物的位置,以便在未知环境中进行同步定位与建图(simultaneous localisation and m apping,SLAM)时产生无碰撞的轨迹。但是,受限于当前的技术发展,通过 BCI 表达人类意图时的实时性和鲁棒性都无法与传统的输入形式相提并论,因此仅依赖 BCI 输入难以获得较高的控制效率与控制精度。

(a) 医疗应用

(b) 医疗应用

(c) 非医疗应用

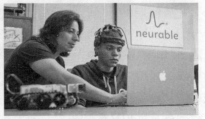

(d) 非医疗应用

图 1.8　脑机接口由医疗应用发展到非医疗应用

另外,当前的机器人控制应用大多采用 SRS,相比之下,MRS 应用在诸如目标搜索、环境监控或地图构建等任务中具有更强大的执行能力。近年来,研究人员对将人机交互纳入多机器人控制系统以完成更复杂的任务表现出越来越浓厚的兴趣。在 Mondada 等[102]的研究中,当机器人向操控者请求指令以解决当前问题时,人类可以通过 BCI 选择单台机器人,即使用脑电(electro‐encephalography,EEG)信号作为机器人的选择机制。Kirchner 等[103]设计的 MRS 基于与P300 相关的大脑活动来衡量任务的参与水平,从而改善对用户的支持并提高交互效率。但是,无论是单机器人还是多机器人控制,这些应用中的机器人都完全遵从人类的指示,而不会依赖自己的判断。因此,人类对任务的执行具有绝对的控制权。当然人类确实具有更强的态势感知与临场应变能力,但是绝对控制使任务执行仅取决于人类操控者的表现。首先无法保证操控者一直处于高度专注的状态,同时这样的控制形式也摒弃了部分机器智能与多机器人协同的优势。尤其是在 MRS 中,一种良好且可靠的人机协同机制应该是人类与机器人共同参与最终决策,这就是共享控制的研究意义。

3. 共享控制(shared control)

凭借技术的发展,如今高度自动化的飞机、汽车或者机器人系统都有着令人印象深刻的表现,但与任何场景中都能够使用机器人实现完全自动化的梦想还存在相当遥远的距离[104]。在可以完成高精度观测与预测,且对错误结果忍耐度较高的环境中(例如传送带速度控制或者环境恒温控制等),能够实现完全自动化。但是在更加复杂且不可预测的环境中,就需要某种形式的人类参与才能在任务执行中获得足够优异的表现。例如自动驾驶虽然在近年来取得了非常瞩目的研究成果,并且部分技术已经投入使用,但始终要求驾驶员手握方向盘以便随时介入控制。因为真实的道路环境非常复杂,再智能的算法也无法精确预测其他车辆或行人的行为,并且错误判断的代价极有可能是乘员的生命。所以在这样的环境中并不能实现完全的自动化,特斯拉早期宣传的"自动驾驶(autopilot)"也在 2016 年的一次事故后改为了"自动辅助驾驶"。一般将人机之间的通信与相互作用称为人机交互(human‐robot interaction,HRI)[105],在该领域中,已经认识到在不可预测的现实环境中,人与机器人必须合作才能稳健地执行整个任务[106-107]。根据机器人与人类在特定环境中的不同能力,合作可以发生在不同层面上:从底层的动作级(运动控制)到顶层的策略级(任务规划、决策),人与机器人的成功合作建立在有效的沟通与交互之上,而这也正是共享控制的研究目标。

关于共享控制的研究普遍涉及跨学科应用,所以并没有出现普适的权威定义。Sheridan[108]在 1989 年提出了一个早期定义:共享控制是指人类在某些变量(variables)的控制中充当监督者,同时直接控制其他变量。但该定义中的"变量"究竟指的什么仍然非常模糊。Niemeyer 等[109]指出,共享控制介于人类直接控制与机器人自主控制之间,或者是在自主控制算法中增加了用户反馈。较新的定义引入了任务的层次结构,即在共享控制中,机器人可以在操控者保持顶层控制的同时完成对底层的运动控制[110],或是机器人在对任务的某些方面进行控制时,操控者仍保有部分控制权限[111],基本的共享控制框架如图 1.9 所示。而在 BCI 领域,共享控制首先由 Srinivasan 等[112]定义,之所以称为共享,是因为控制量始终反映了人类大脑和机器人传感器的输入,这与控制权切换不同,它并不是根据任务情况在操控者直接控制与机器人自主控制之间来回切换。

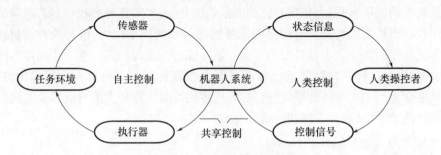

图 1.9　共享控制的基本框架

回顾共享控制的发展历程,Goertz[113]早在 1963 年就以处理放射性物质的控制器为研究对象开发了共享控制的第一个实例,使其能够基于不精确的操控者输入控制曲柄的转动。从那时起,针对类似应用的研究便提出了各种各样的辅助方法,从一开始机器人对运动的全部或某些方面具有完全控制权[114-116],到控制权在某时刻发生转移[117-118],再到自始至终不具备完全控制权[117,119]。例如在 Kofman[120]的研究中,一旦机械臂末端距离目标点足够近,机器人就会接管人类拥有完全的控制权,因为其更加擅长精细操作。Crandall 和 Goodrich[121]提出将用户输入通过势场函数与机器人计算结果进行融合以实现障碍物规避。通常实现共享控制有两种常见的方法[122]:基于混合输入的共享控制与基于触觉反馈的共享控制。前者一般用于机器人的策略选择以及部分简单的运动控制,例如车辆的转向命令来自人类驾驶员和最优控制器的混合输入[123],而且本书所研究的两种共享控制框架均属于此类。而基于触觉反馈的共享控制则发生在作用力级别,人类通过直接施加力的方式与自动控制器共享对机器人的控制,常见于机械臂的运动控制中[124-125]。本书认为人与机器人之间的共享可以在控制的不同层次上进行,在共享控制期间,人与机器人需要共同完成任务规划、策略决策或者运动控制,其控制效果也有别于单一控制源。另外,在大多数应用中通常只有一名操控人员,因此共享控制中与其搭配工作的也多为单智能体(包括机械手、机械臂或移动机器人等)。但在最近的研究中,Rosenfeld[126]与 Cappo 等[127]则更关注人类操控者与 MRS(包括四旋翼无人机编队或地面车辆编队)之间的交互方式。

而关于什么构成共享控制什么不构成的困惑,很大程度来源于对共享的不同观点。共享控制中研究最广泛的形式是机器人在预定义的离散多级自主水平中来回切换[128],通常情况下,整个系统由机器人自主控制,但在遭遇困难时会将控制权交给用户,换句话说就是只在必要时发起人工干预。而更一般地,机器人系统应该能够连续地改变自主水平[129]。但如何评价不同自主水平所实现的控制效果是非常矛盾的,例如 You 和 Hauser[130]发现,对于仿真环境中的复杂运动规划问题,用户更倾向于全自主模式,因为他们仅需要点击期望目标。另外,Kim 等[131]发现,用户更喜欢手动模式而不是自主模式来完成诸如抓取物体之类的任务。于是参考 Abbink[132]的文章,本书所涉及的共享控制定义如下。

定义:

　　在共享控制中,人类与机器人在一个感知—动作周期内进行交互以获得一致的控制信号,从而完成一项动态任务。并且该任务在理想情况下可以由人或机器人单独完成控制。

此定义不包括完全自动化或纯人为控制的情况,更具体地说,将控制权完全转交给人类或者人类彻底退出控制回路的情况均不属于本书所定义的共享控制过程。

共享控制应用的关键要素是构建共享机制以促进控制系统中某些方面(规划、决策、动作行为等)的交互,人与机器人可以从中了解彼此的行动和意图。在社会群体中,个体间的相互影响与作用构成了一个网络,名为社会网络(social network),而观点动力学(opinion dynamics)所研究的正是社会网络中观点的产生、扩散和统一。社会控制论关注社会系统的自组织、自适应等内在规律,探讨在何种社会机制和社会结构下,一个社会系统可以自发地完成特定的协调和控制行为。社会学与控制理论的结合[133]使得社会网络的研究重心由网络分析转向从动态系统的角度研究社会网络中观点、行为和社会关系的演化[134],于是催生了观点动力学这一新的研究方向。近年来,基于 MRS 的观点动力学模型越来越受研究者的青睐,社会网络中的个体以及个体之间的相互影响可以由机器人和机器人之间的相互作用描述。当面对一个特定的场景时,不同的机器人会产生不同的初始观点(或称策略),个体观点通过机器人间的相互作用在网络中传播扩散,同时来自不同机器人的策略在特定的多机器人网络中完成统一,最终形成整个 MRS 的策略。MRS 具有较为成熟的理论体系和研究方法,为观点动力学的研究提供了丰富的视角。基于 MRS 的观点动力学模型一般具有 3 个基本要素,即个体、网络和动力学方程。机器人的性质决定了个体观点的产生方式;机器人之间的交互关系决定了观点在网络中的扩散方式;机器人的决策过程则由动力学方程刻画,决定了网络中观点聚合的方式。同样,共享控制中的人类观点也可以作为社会网络节点之一融入到整个 MRS 策略中,形成最终的人机策略共识。如果观点动力学描述了观点统一的离散过程,意图场(intention field)就体现了不同个体之间意图融合的连续过程。在 MRS 中,机器人的意图可以是为了完成指定任务而需要采取的行为,也可以是受到相邻机器人影响而产生的动作。由于状态差异,不同机器人的意图也不尽相同,而为了保持机器人之间的协同关系,就需要对机器人个体的意图进行融合,从而获得统一的系统意图。同样是在共享控制中,人类也可以凭借自身的经验优势引导多机器人系统更加高效地完成任务,这样的输入就表现为人类意图。

如前所述,BCI 技术目前也已应用于共享控制中以表达人类观点或意图,Kirchner[103] 和 Mondada 等[102] 分别基于 P300 与稳态视觉诱发电位(steady - state visually evoked potential,SSVEP)实现了人 – 多机器人系统的共享控制。为了促进合作并最大程度地减少人与机器人之间的意图冲突,大多数应用都基于人类行为对机器人行为进行建模[122],提倡以人为中心的设计思路。并且在发生冲突的情况下,机器人应当确保人类有足够的时间和能力来影响机器人的动作。例如在涉及策略层共享控制的脑控轮椅控制过程中[135],系统必须提前向人类提交即将采取的操控策略,使人有充足的时间考虑,然后认可或否决(主动干预)该策略。到目前为止,大多数研究主要讨论了机器人方面的局限性,但并没有过多地考虑人类误操作以及发生此类错误后对机器人系统的影响,尤其是对于可能存在误检测的 BCI 技术,人类观点的错误表达更加值得注意。所以有效的共享控制框架应当允许机器人与人类相互影响,共同改善控制表现。

1.3 本书的主要研究内容与组织结构

本书以多机器人控制为主线,以三种截然不同的任务环境为背景,提出了三种控制方法,并搭配充分的仿真实验与(半)实物实验验证其效果。纵观书中涉及的三种控制方法,先后实现了如下功能。

(1)从机器智能到人机混合智能;

(2)从多机器人系统自主控制到人 – 多机器人系统共享控制;

(3)从离散的策略级共享控制到连续的动作级共享控制;

(4)从传统的人类介入到基于脑机接口的人类介入。

三种方法从不同的角度出发开展对多机器人控制问题的研究,本书并没有讨论绝对的优劣之分,只探索其是否适合对应的任务环境。实验结果表明,后提出的方法能够一定程度地弥补前一种方法的缺陷,但同时也会带来新的问题。全书总共包含 4 章内容,其中 2 到 4 章为主要研究内容,分别阐述了三种多机器人控制方案的设计思路与应用实践,本书的具体组织结构如图 1.10 所示。绪论之后的各章节内容如下。

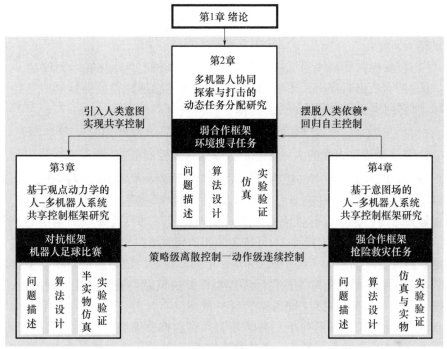

*本书的研究还未涉及该内容,目前只作为未来工作展望。

图 1.10 内容组织结构图

1. 多机器人协同探索与打击的动态任务分配(第 2 章)

第 2 章以多机器人领域常见的环境搜寻任务为背景开展针对 MRS 的动态任务分配研究。重点关注弱合作框架下的 MRS 如何完成探索与打击任务的动态分配问题,作为传统搜寻任务的延伸,本章所关注的探索与打击任务要求机器人团队发现并摧毁环境中隐藏的对抗目标。这意味着机器人不具有目标分布的先验知识,并且在执行打击任务期间,对抗目标还可能会对其造成破坏。因此,针对典型搜寻任务的传统算法框架并不能直接适用。本章首先从传统算法入手,对基于市场竞拍和空闲链的任务分配算法框架进行改进,以适用于探索和打击任务背景下的动态分配问题。随后提出基于深度 Q 学习的任务分配算法框架,重点关注环境信息表达、奖励函数设计、动作选择策略三方面。依托基于 ROS 与 Gazebo 专门搭建的多机器人任务分配仿真系统对三种算法进行了充分

的测试,实验结果表明,本书所提出的动态任务分配算法的优势体现在:

(1)改进后的传统分配算法能够适用于动态任务环境,并取得较好的性能表现;

(2)基于深度 Q 学习的任务分配算法完全依赖机器智能,采用数据驱动,不需要有针对性地建立任务模型。

由于深度 Q 网络的运用,其算法优势符合机器学习的一贯特色,但同时劣势也相当明显:

(1)需要庞大的离线训练数据作支撑,训练耗时长,且泛化能力比较差;

(2)所有数据直接来源于机器人,无法克服传感器误差或通信延时等固有缺陷,而它们将会影响最后的控制效果;

(3)一旦网络形成,任何修改都必须经历重新训练的过程,灵活性较差。

2. 基于观点动力学的人－多机器人系统共享控制框架(第 3 章)

第 3 章以对抗框架下的机器人足球比赛为研究背景,该比赛以高动态、强对抗以及全分布为特点,是典型的多机器人协同控制算法测试平台。比赛期间,场上机器人需要根据当前形势快速且合理地选择接下来将要采取的多机器人策略。源于分布式 MRS 的特性,不可避免的通信延时与感知误差使得每台机器人所维护的世界模型并不一致,因此以差异化世界模型为依据的策略选择也会不同甚至错误。本章首先对差异化世界模型以及决策原则进行了详细的阐述,随后建立单机器人策略观点(即策略选择的概率分布)。以这些观点为节点构造观点动力学模型,计算多机器人策略共识并作为推荐策略提交到人类操控者。当人类存在异议时,人类观点可通过 BCI 技术表达,并引入到观点动力学中成为一个新节点,重新计算策略共识。最终实现的人机共享控制可以充分结合两者优势来提高策略选择的正确率,其效果在针对性设计的半实物仿真系统中得到了充分的验证。实验结果表明,基于观点动力学的人－多机器人系统共享控制方法的优势体现在:

(1)利用 EEG 信号表达人类观点,充分体现操控者的不确定性与倾向性;

(2)无须提前训练模型参数,人类可随时在策略级上参与多机器人控制,灵活应变的同时也减轻了人类在共享控制中的负担;

(3)基于差异化世界模型开展研究,符合分布式 MRS 的实际运行情况;

(4)依托观点动力学模型充分融合人类操控者与 MRS 的策略选择结果,克服两者固有缺陷的同时也发挥它们的优势。

优势相较于多机器人自主控制非常明显,但由于采用了 BCI 技术,在实际应用中仍有不足:

(1)BCI 有效指令的检测效率受限,机器人在获取人类观点时存在较长时间

的等待,这在实时性要求较高的动态环境中是不能接受的;

(2)在该框架下,人类表现为一种间接离散的策略级控制,并不能直接左右机器人的动作行为,减轻人类负担的同时也损失了控制效率;

(3)刺激范式与环境信息的实时反馈相互独立,导致人类选择时注意力分散,不利于对当前形势的把握。

3. 基于意图场的人 – 多机器人系统共享控制框架(第 4 章)

第 4 章是在强合作框架下,以 MRS 执行抢险救灾任务为背景开展研究。以森林火灾现场为例,MRS 的采用可以消除危险环境对人类消防员的生命威胁。但由于火场环境的复杂性,机器人很难独立地做出最佳决策,而伴随人类意图的共享控制方法则可以依靠操控者的经验知识来改善多机器人协同作业的表现。本章同样以 BCI 作为人类意图的表达形式,提出了一种适用于人 – 多机器人系统的动作级分层共享控制框架。上层使用意图场模型构建人与机器人的共同意图,下层使用策略混合模型融合多种速度分量,在保持编队构型、规避环境障碍物的同时抵达目标区域。经过半实物仿真实验与实物实验的充分验证,基于意图场的人 – 多机器人系统共享控制方法在具备上一章算法的共同优点外还体现出了以下优势:

(1)人类可以在动作级上高效地参与多机器人控制,当即改变机器人行为;

(2)机器人的运动过程不会因为人类干预而暂停,SSVEP – BCI 的过程数据被用于实现连续的共享控制,弱化了 BCI 的实时性缺陷;

(3)刺激范式直接叠加在待选择的目标上,人类操控者可以在关注环境信息的同时自然地完成选择;

(4)允许人类操控者与 MRS 同时参与机器人的运动控制,而不是有条件的控制权切换。

基于意图场模型的分层共享控制框架相较于前者在实际可操作性上有一定提升,但也带来了新的问题:

(1)由于利用了 SSVEP – BCI 的过程信号,前期的意图表达与操控者的实际意图可能存在较大偏差,将会对整个系统产生不利影响;

(2)利用 BCI 进行长时间的连续控制必然会引起操控者的疲惫,导致其专注度与判断能力下降。

第 2 章　多机器人协同探索与打击的动态任务分配[①]

随着 MRS 的广泛应用,其研究领域逐步扩展到高动态和大范围的未知环境。传统算法框架难以预见机器人可能遇到的所有情形,应对策略的提前设计也成为空谈。而以机器学习为基础的算法框架则更擅长应对这种复杂的环境,其中强化学习尤其是 Q 学习算法凭借其易于实现、实时性出色的特点已经在未知、动态和大范围环境下的机器人系统中得到了广泛的应用[79,81-82,136]。

本章以多机器人领域常见的环境搜寻任务(图 2.1)为背景开展任务分配研究,着重关注 MRS 在弱合作框架下如何自主完成探索与打击任务的动态分配。该问题相比单纯的搜寻任务更为复杂,在传统的搜寻问题中,任务位置预先已知[137],因此可以简化为多智能体参与的旅行商问题[138]。而在本章所关注的探索与打击任务中则要求机器人能够发现并摧毁对抗目标,在这种环境下,机器人将不具备目标分布的先验知识。并且在任务执行期间,机器人随时可能遭受破坏。因此,针对典型搜寻任务的算法框架不能直接应用于本问题。本章将改进基于市场竞拍与空闲链的传统算法框架,并且引入基于深度 Q 网络(deep Q network,DQN)的机器学习算法来解决以探索与打击为背景的多机器人动态任务分配问题,并针对性地设计仿真系统对所有算法进行验证。

图 2.1　多机器人环境搜寻任务

①　该研究成果的英文版已发表在"Dai W,Lu H,Xiao J,et al. Multi - Robot Dgnamic Tash Anocation for Exploration and Destrnction[J]. Journal of Intelligent and Robotic syseems,2020,98(2):455 - 479."

2.1　探索与打击任务动态分配问题的数学描述

在探索与打击任务中,主要目的是探索可疑区域,发现并摧毁潜藏其中的敌对目标,接下来将其转化为正式的数学描述。

▶ 2.1.1　参与主体:机器人与任务

在大多数的机器人任务分配问题中,主要有两种参与主体:一是具有执行能力的机器人;二是待完成的任务。通常使用 $R = \{r_1, \cdots, r_i, \cdots, r_N\}$ 表示可用于执行任务的 N 台机器人,并且所有机器人基本同构(具有相同的感知、通信以及运动能力),仅保留差异化的打击能力 $P_i, i \in [1, N]$。同时,每个潜藏的目标 $T = \{t_1, \cdots, t_j, \cdots, t_M\}$ 也具有不同的反击能力 $\tilde{P}_j, j \in [1, M]$,其中 M 表示目标的总数量。假设 $1 \leqslant P_i, \tilde{P}_j \leqslant 10$ 且 $P_i, \tilde{P}_j \in \mathbb{N}^+$ 在整个执行过程中保持恒定。当机器人 r_i 到达目标 t_j 后,通过比较机器人的打击能力 P_i 与目标的反击能力 $\tilde{P}_j$,可以产生如下可能的结果:

$$\begin{cases} \text{update } R = \{r_1, r_2, \cdots, r_{i-1}, r_{i+1}, \cdots, r_N\} & (P_i < \tilde{P}_j) \\ \text{update } T = \{t_1, t_2, \cdots, t_{j-1}, t_{j+1}, \cdots, t_M\} & (P_i \geqslant \tilde{P}_j) \end{cases} \tag{2.1}$$

这意味着在执行任务期间可能会出现机器人的损坏,如果采用集中式控制,核心节点的破坏将不可避免地导致整个系统的瘫痪,因此在这种环境下,分布式 MRS 是更好的选择。每台机器人都依靠通信获取其他机器人的部分信息,并以此更新自己的世界模型。但由于传感器误差与通信延迟的存在,所有机器人难以保持完全一致的世界模型。

▶ 2.1.2　任务描述:探索与打击

静态任务分配意味着机器人在执行前就知晓所有待分配任务信息,并且每台机器人可以分配到一个任务子集以最小化完成所有任务的路径成本[139]。如果在执行过程中出现了一些新的任务,或者参与任务的机器人遭受破坏而必须将其任务序列中待完成部分进行重新分配时,便成为了动态任务分配。显然,本章所关注的探索与打击任务(图 2.2)是一个典型的动态任务分配问题。本章用于研究探索与打击任务的传统分配算法参考文献[140]中提出的模型,原模型中为目标取回任务。设定非空对象 $T = \{t_1, \cdots, t_j, \cdots, t_M\}$ 随机分布于环境中,表示机器人试图摧毁的目标集合。它们潜藏于 $L = \{l_1, l_2, \cdots, l_m\}, m > M$ 的子集中,而 L 正是机器人需要探索的可疑区域集合。定义 $loc(t_j)$ 表示目标 t_j 的真实位置,这意味着 $\cup_{t_j \in T} loc(t_j) \subseteq L$。且环境中隐藏的目标位置固定,即 $loc(t_j)$ 在被探明之前是不确定的,但不会变化。

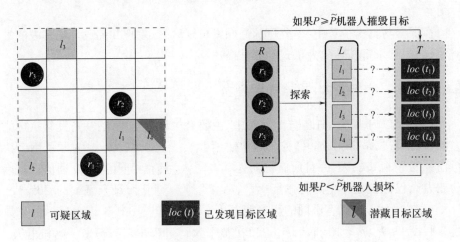

图 2.2　探索与打击任务的动态分配

1. 探索任务

多机器人探索问题可描述为在某区域内部署多台机器人,通过团队协作找出隐藏在环境中的所有目标[14]。起初机器人并不清楚目标的具体方位,于是将率先分配探索任务。下面对探索任务给出相关定义:

定义 2.1:

探索任务描述了机器人从当前位置向可疑位置 $l_i \in L$ 运动,并在到达后确认是否存在目标(即是否满足 $l_i \in \cup_{t_j \in T} loc(t_j)$)的整个过程。

定义集合 E 表示尚未完成的探索任务,换言之就是那些没有被任何机器人到访过的可疑位置。最初,所有可疑区域都未被探索,即 $E = L$。任务开始后机器人将逐个访问这些区域并将其从集合 E 中删除。待游历完所有可疑区域后($E = \phi$),探索任务结束。

2. 打击任务

可疑位置可能隐藏敌对目标,也可能仅是一个干扰区域,只有在探索过后才能确定。每个目标都拥有固定的反击能力 $\bar{P}$,机器人到达可疑区域后只能确定其是否存在目标,但该目标的 $\bar{P}$ 无法准确获知。因此,定义 $obs(\bar{P})$ 来表示对当前目标反击能力的观测结果。关于打击任务的定义如下:

> **定义 2.2：**
>
> 　　打击任务描述了机器人从当前位置移动到目标位置 $loc(t_j)$，并尝试销毁它的整个过程。

　　根据式（2.1）呈现的两种可能结果。如果机器人 r_i 的打击能力不足以销毁目标 t_j，则更新 $obs(\bar{P}_j) = P_i + 1$，针对 t_j 的打击任务将重新分配。并且打击任务相比于探索任务具有更高的优先级，这意味着如果此时环境中存在未完成的打击任务，则始终将其优先分配。集合 D 用于表示未完成的打击任务，而这些任务的数量将会随着时间变化。由于机器人在探索之初不知道任何目标的方位，所以此时的 $D = \phi$。伴随着探索任务的执行，如果目标 t_j 被发现，则将 $loc(t_j)$ 立即添加进 D 中。当所有可疑位置均被探索（$E = \phi$），并且所发现的目标都被销毁后（$D = \phi$），打击任务结束。

3. 完成任务的运动代价估计

　　本章使用 $loc(r_i)$ 表示机器人 r_i 的当前位置，而 l_j 则是它将探索的可疑位置。函数 $cost_E(i,j)$ 用于描述 r_i 探索 l_j 的运动代价：

$$cost_E(i,j) = dis(loc(r_i), l_j) \quad r_i \in R, l_j \in L \tag{2.2}$$

　　其中，$dis(\cdot)$ 表示当前机器人与可疑位置之间的欧几里得距离。类似地，机器人 r_i 打击目标 t_j 的运动代价可以定义为

$$cost_D(i,j) = dis(loc(r_i), loc(t_j)) \quad r_i \in R, t_j \in T \tag{2.3}$$

　　从一个位置到另一位置的欧几里得距离并不是对机器人实际运动代价的准确计量。因为环境中存在多台运动机器人，为了避免碰撞，机器人不可能始终沿直线移动，故实际的运动代价肯定高于该估计值。只是由于实际代价无法准确计算，才考虑使用欧几里得距离作为近似估值。

2.2　基于市场竞拍的动态任务分配算法

　　本节主要对基于市场竞拍的传统任务分配算法进行改进，使其能够完成探索和打击任务的动态分配。

▶ 2.2.1　任务分配原则

　　在文献[137,139,141]所描述的静态任务分配问题中，机器人始终处于已知环境，并在开始时对所有任务进行一次分配，分配方法近似于市场竞拍机制。

在每轮招标中,所有机器人都会对所有未分配的任务进行投标。出价最高(运动代价估值最低)的机器人将获得所对应的任务。然后,新的一轮竞标开始,所有机器人再次对未分配的任务进行竞标,如此循环直到所有的任务均已分配。执行期间,每个任务仅分配一次且环境中不会产生新的任务。

1. 动态分配

不同的是,本章所关注的探索与打击任务明显是一个动态分配问题。首先,打击任务是可疑位置被探索后才生成的。其次,当某台机器人损坏时,必须将其已分配且未完成的任务重新分配给其他可用的机器人。设 T_E^i 和 T_D^i 分别表示机器人 r_i 已分配但未完成的探索和打击任务,$T_E = \bigcup_{r_i \in R} T_E^i$ 和 $T_D = \bigcup_{r_i \in R} T_D^i$ 分别表示所有已分配且未完成的探索任务与打击任务的集合。因此,当前未分配的探索任务与打击任务可由下式表示:

$$\begin{cases} U_E = E \backslash T_E \\ U_D = D \backslash T_D \end{cases} \tag{2.4}$$

一旦某任务完成,它将从 T_E^i 或 T_D^i 中删除。如果 r_i 在探索可疑位置 l_j 时发现目标,则 l_j 将从 T_E^i 中删除并添加到 U_D 中。如果 r_i 在打击目标 t_j 的过程中遭到破坏,则该目标打击能力的观测值 $obs(\bar{P}_j)$ 将更新为 $P_i + 1$。然后将 T_E^i 和 T_D^i 中的任务添加到 U_E 和 U_D 中等待重新分配。

2. 团队目标

多机器人探索和打击任务问题尤其关注可疑位置 l、目标位置 $loc(o)$、机器人位置 $loc(r)$,以及用于估计在这些位置之间来回运动的代价函数。而与之相关的团队目标则确定了市场竞拍中的任务分配原则,MRS 中最常使用的三种团队目标[142-143]如下所示:

(1)MINISUM:最小化所有机器人旅行成本的总和;

(2)MINIMAX:最小化所有机器人中的最大旅行成本;

(3)MINIAVE:最小化所有机器人的平均旅行成本。

机器人的旅行成本是指从起始位置开始,依次完成已分配任务,直到最后一个探索或打击任务为止,期间行驶过的所有路径的路程总和;也可以理解为执行所有已分配任务的运动代价的总和。由于机器人执行新分配任务的运动代价与它已经分配到的任务密切相关,当每台机器人在新一轮任务竞拍中投标时,就必须考虑已经分配给它的任务。本章采用 MINISUM 的团队目标作为任务分配原则。图 2.3 说明了 MINISUM 如何作用于任务投标和分配。

2.2.2　任务分配过程

参照上文的分配原则,探索与打击任务的分配过程主要分为三个阶段,分别是执行前的任务分配,执行过程中的任务分配以及任务分配后的执行顺序调整。

1. 执行前的任务分配

图 2.3(a)所示的局部环境包含三个可疑位置$\{l_1,l_2,l_3\}$和两台机器人$\{r_1,r_2\}$。可疑位置对应的三个探索任务将根据 MINISUM 团队目标分配给两台机器人。每台机器人根据式(2.2)计算到可疑位置的欧几里得距离来估算运动代价。第一轮中,机器人 r_1 到达 l_1 的运动代价最低为 $\sqrt{2}$,而对于 l_2 和 l_3 的代价分别为 2 和 $\sqrt{17}$。同时,r_2 到达 l_1 的运动代价是 1 且低于 r_1 执行同样任务的代价。因此,l_1 的探索任务将会分配给 r_2 完成。在第二轮中,尽管 r_2 尚未移动去执行探索任务,但对于下一个任务的投标将基于已分配给它的任务 l_1。从 r_1 到 l_2 和 l_3 的运动代价分别为 2 和 $\sqrt{17}$,并且 r_1 执行 l_2 的代价低于 r_2 执行同样任务的运动代价 $\sqrt{10}$。因此,r_1 赢得了第二轮竞拍并获得了探索任务 l_2。进行到第三轮,环境中只有 l_3 未分配,r_1 和 r_2 的运动代价分别为 $\sqrt{17}$ 和 $\sqrt{13}$。于是 r_2 以其较低的运动代价获得了最后一个任务 l_3。所有任务均已分配,其中 $T_E^1 = \{l_2\}$,$T_E^2 = \{l_1,l_3\}$。根据 MINISUM 的团队目标,对机器人 r_i 探索 l_j 运动代价的估计进行了如式(2.5)的更新,其中 $last(T_E^i)$ 表示已分配给 r_i 的探索任务序列中的最后一个。

$$cost_E(i,j) = dis(last(T_E^i),l_j) \quad l_j \in U_E \tag{2.5}$$

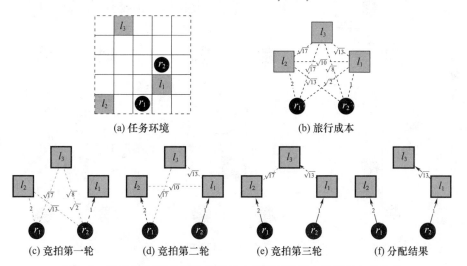

图 2.3　以 MINISUM 为团队目标最小化所有机器人旅行成本的总和

2. 执行中的任务分配

执行前的任务分配不会考虑动态情况。如果在探索过程中机器人发现了目标,则会立即产生未分配的打击任务,或是机器人 r_i 尝试销毁目标时反遭破坏,

集合 T_E^i 和 T_D^i 中未完成的任务将会返回 U_E 和 U_D 中重新分配。执行中的任务分配原则仍旧参考 MINISUM 团队目标,但还是有如下区别。

延续执行前的任务分配结果 $T_E^2 = \{l_1, l_3\}$ 以及 $T_E^1 = \{l_2\}$,随后机器人开始分别执行它们的任务。在此期间,如果环境中出现未分配的探索任务,则每台机器人都将根据自己的已有任务进行投标,如式(2.5)所示。根据图 2.4(a) 和图 2.4(b),机器人 r_1 对 l_4 的投标为 $\sqrt{17}$ 取决于从 l_2 到 l_4 的运动代价估计,而 r_2 为 $\sqrt{18}$,取决于从 l_3 到 l_4 的运动代价估计。所以该探索任务将添加到 T_E^1 中,并在之后执行。由于打击任务相较探索任务具有更高的优先级,一旦环境中存在未分配的打击任务,它将立即被分配并执行。此外,由于机器人在打击过程中有被损坏的风险,r_i 不会竞标那些反击能力的观测值 $obs(\tilde{P}_j)$ 高于打击能力 P_i 的目标。如图 2.4(c) 和图 2.4(d) 所示,若假设两台机器人都具有足够的打击能力来销毁目标,其中 r_1 到达 $loc(t)$ 的投标为 $\sqrt{5}$,取决于从 $loc(r_1)$ 到 $loc(t)$ 的运动代价估计,而 r_2 为 $\sqrt{2}$。因此该打击任务将会分配给 r_2 并立即执行。

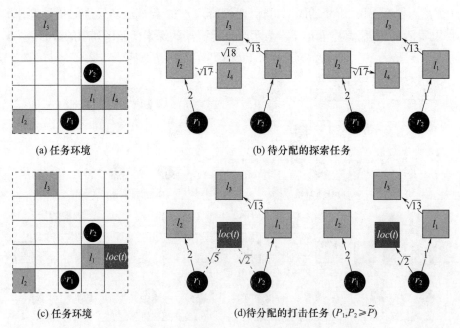

(a) 任务环境   (b) 待分配的探索任务

(c) 任务环境   (d) 待分配的打击任务 $(P_1, P_2 \geqslant \tilde{P})$

图 2.4　执行中任务分配的区别

3. 执行顺序的调整

根据任务类型的不同,虽然要求机器人第一时间执行打击任务,但可以自由地调整探索任务的执行顺序以降低总的旅行成本[144]。对于机器人 r_i 及其待完

成的探索任务 T_E^i，设 $TC(T_E^i)$ 表示 r_i 完成这些探索任务的最低旅行成本。然后通过下式可以计算满足 MINISUM 团队目标的旅行成本。

$$\min_T \sum_i TC(T_E^i) \tag{2.6}$$

但实际上最小化团队目标是一个 NP 难题，因此，基于市场竞拍的分配方法并非旨在得到最优的完成效果，而是兼顾计算效率的同时获得较好的分配方案。如果机器人 r_i 在每次获得新任务后都对 T_E^i 中所有的探索任务进行重新排序，则可能的执行顺序包含 n_E^i！ 种，其中 n_E^i 表示集合 T_E^i 中的任务数量。随着 T_E^i 的不断扩大，便需要消耗更多的计算资源来换取最佳的执行顺序。因此，本章仅考虑新的探索任务插入到已有任务序列的哪个位置可以获得最低的旅行成本 $TC(T_E^i)$，并不会对先前分配的任务进行顺序调整。在这种简化下，可能的执行顺序仅有 n_E^i 种，并不会随着已分配任务的增多而出现数量爆炸。因此，将新任务 l_{new} 加入到 T_E^i 中的边际成本可以定义为

$$\Delta TC(l_{\text{new}} \mid T_E^i) = \min_{l_k \in T_E^i} \{ cost_E(l_k, l_{\text{new}}) + cost_E(l_{\text{new}}, l_{k+1}) - cost_E(l_k, l_{k+1}) \}$$

$$\tag{2.7}$$

如图 2.5 所示，l_4 是分配给 r_2 的新探索任务。在 $T_E^2 = \{l_1, l_3\}$ 中存在三个位置可以插入这个新任务，分别是：

（1）执行顺序 $\{l_4 \rightarrow l_1 \rightarrow l_3\}$：$TC(T_E^2) = \sqrt{2} + \sqrt{5} + \sqrt{13}$；

（2）执行顺序 $\{l_1 \rightarrow l_4 \rightarrow l_3\}$：$TC(T_E^2) = 1 + \sqrt{5} + \sqrt{2}$；

（3）执行顺序 $\{l_1 \rightarrow l_3 \rightarrow l_4\}$：$TC(T_E^2) = 1 + \sqrt{13} + \sqrt{2}$。

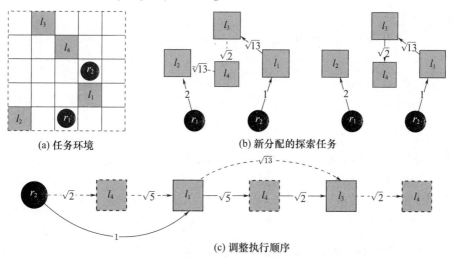

图 2.5　探索任务分配后的执行顺序调整

根据调整后的旅行成本估算,选择执行顺序$\{l_1 \to l_4 \to l_3\}$以获取最低的旅行成本,而使用此方法插入新分配的任务时,可能的执行顺序数量仅随集合T_E^i的扩大而线性增加。

▶ 2.2.3　算法框架

基于市场竞拍算法框架的探索与打击问题的动态任务分配方法在算法 2.1中详细呈现,该算法描述了从任务分配、执行顺序调整到任务执行的整个过程。首先,每台机器人通过相互通信来更新整个环境信息,了解到当前未分配的探索任务U_E和打击任务U_D。随后,机器人根据 MINISUM 原则竞标未分配的任务。运动代价最低的机器人将赢得该任务,并调整已分配探索任务T_E^i的执行顺序。当任何机器人到达可疑区域时,有关该位置的探索任务即告完成。如果机器人在该位置发现了隐藏目标t_j,则将针对此目标的打击任务添加到U_D中。由于目标具备未知的反击能力$\tilde{P}_j$,在执行打击任务时可能会造成机器人的损坏。找到并销毁环境中的所有隐藏目标后,整个任务完成。

算法 2.1 基于市场竞拍算法框架的动态任务分配方法

已知:潜藏未知目标$T = \{t_1, \cdots, t_M\}$的可疑区域$L = \{l_1, \cdots, l_m\}, m > M$

1. **while** 环境中仍旧存在未完成的任务时 **do**

2.　　更新当前未分配的探索任务U_E和未分配的打击任务U_D

3.　　**if** $U_D \neq \emptyset$ **then**

4.　　　**for** $loc(t_j) \in U_D$ **do**

5.　　　　**if** $P_i \geqslant obs(\tilde{P}_j)$ **then**

6.　　　　　预估运动代价 $cost_D(i,j) = dis(loc(r_i), loc(t_j))$

7.　　　　**end if**

8.　　　**end for**

9.　　　**if** $r_i = \arg\min\limits_{r_i \in R} dis(loc(r_i), loc(t))$ **then**

10.　　　　更新 $T_D^i = T_D^i \cup \{loc(t)\}, U_D = U_D \backslash \{loc(t)\}$

11.　　　**end if**

12. **else if** $U_E \neq \emptyset$ **then**

13.　　**for** $l_j \in U_E$ **do**

14.　　　预估运动代价 $cost_E(i,j) = dis(last(T_E^i), l_j)$

15.　　**end for**

16.　　**if** $r_i = \arg\min\limits_{r_i \in R} dis(last(T_E^i), l)$ **then**

17.　　　　更新 $T_E^i = T_E^i \cup \{l\}$，$U_E = U_E \setminus \{l\}$，并调整执行顺序 $T_E^i \to T_E^i$

18.　　**end if**

19.　**end if**

20.　**if** $T_D^i \neq \emptyset$ **then**

21.　　**if** 机器人 r_i 到达任务区域 $loc(t^*) = T_D^i.$ begin **and** $P_i > \bar{P}_{t^*}$ **then**

22.　　　　更新 $T_D^i = T_D^i \setminus \{loc(t^*)\}$

23.　　**else if** 机器人 r_i 到达任务区域 $loc(t^*)$ **and** $P_i < \bar{P}_{t^*}$ **then**

24.　　　　更新 $R = R \setminus \{r_i\}$，$obs(\tilde{P}_{t^*}) = P_i + 1$

　　　　　　更新 $U_E = U_E \cup T_E^i$，$U_D = U_D \cup T_D^i$

25.　　**end if**

26.　**else if** $\hat{T}_E^i \neq \emptyset$ **then**

27.　　**if** 机器人 r_i 到访可疑区域 $l^* = \hat{T}_E^i \cdot$ begin **then**

28.　　　　更新 $\hat{T}_E^i = \hat{T}_E^i \setminus \{l^*\}$

29.　　　　**if** 发现目标 t **then**

30.　　　　　　更新 $U_D = U_D \cup loc(t)$

31.　　　　**end if**

32.　　**end if**

33.　**end if**

34. **end while**

　　针对探索与打击问题的动态任务分配方法,相较于传统市场竞拍算法有两大改进:首先,该方法可以应对执行过程中新任务的出现或者机器人损坏的情况发生,实现动态任务分配;其次,通过合理地调整探索任务的执行顺序,可以以较低的计算代价获取较高的执行效率。

2.3　基于空闲链的动态任务分配算法

　　本节将详细介绍基于空闲链算法框架的探索与打击问题的动态任务分配方法。其与市场竞拍方法之间的主要区别如下:

　　(1)在基于市场竞拍的方法中,一旦任务被分配,除非机器人在完成该任务前遭到破坏,否则不会将其重新分配给其他机器人。而在空闲链方法中,只要任务未完成就可以被重新分配。

（2）在基于市场竞拍的方法中，每台机器人可以分配多个任务待执行。而在空闲链方法中，机器人某时刻最多只有一项已分配的任务。

（3）在基于市场竞拍的方法中，机器人依靠竞价来避免任务分配冲突。而在空闲链方法中并没有协商机制，这更适合通信条件不佳的情况。

（4）在基于市场竞拍的方法中，机器人顺序执行已分配给它的任务。在空闲链方法中，每台机器人会在空闲时选择一个未完成的任务来执行。

在绝大多数的多机器人任务分配应用中，任务数量远远大于参与分配的机器人数量。换句话说，机器人是稀缺资源，因此都希望机器人可以不间断地运行，以高效地完成所有任务。图 2.6 简要示意了机器人团队 $R = \{r_1, r_2, r_3\}$ 基于空闲链方法完成任务 $L = \{l_1, l_2, l_3, l_4, l_5\}$ 分配的总过程，其中可疑区域 $l_2 = loc(t_1)$ 和 $l_4 = loc(t_2)$ 隐藏了两个目标。

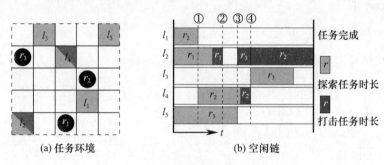

图 2.6　基于空闲链的任务分配算法

▶ 2.3.1　可分配任务集合的确定

如前所述，在空闲链的算法框架中，当机器人选择要执行的任务时，会重新考虑已分配但尚未完成的任务。因此，本节定义 $\check{T}_E$ 和 $\check{T}_D$ 来表示已分配给某机器人且其队友无法以较低运动代价实现的探索任务和打击任务的集合。

$$\check{T}_E \subseteq T_E, \check{T}_D \subseteq T_D \tag{2.8}$$

所以 $\check{T}_E$ 或 $\check{T}_D$ 中的任务最好由当前机器人执行，当空闲机器人选择要执行的任务时将不会再考虑这些任务。然后定义式（2.9）表示可考虑分配给当前机器人的探索任务与打击任务的集合。

$$\begin{cases} U_{\check{E}} = E \setminus \check{T}_E \\ U_{\check{D}} = D \setminus \check{T}_D \end{cases} \tag{2.9}$$

其中，E 表示尚未完成的探索任务，而 D 则是尚未完成的打击任务。执行探索与打击任务的运动代价估计可参考式（2.2）和式（2.3）。

以图 2.7(b)中的时间点①为例。此时机器人 r_2 已到达 l_1 并完成了探索任务,随后 r_2 空闲并选择接下来要执行的任务。目前,未完成的探索任务集为 $E=\{l_2,l_3,l_4,l_5\}$。l_2 已分配给 r_1,l_5 已分配给 r_3。

假设当前环境如图 2.7(a)所示,通过比较 r_2 和 r_1 分别到达 l_2 的运动代价,以及 r_2 和 r_3 分别到达 l_5 的运动代价可以发现,l_5 虽然已分配给 r_3,但 r_2 此时拥有更小的执行代价,所以 l_5 仍旧可以考虑再分配。根据表 2.1 确定可分配任务的集合为 $U_{\check{E}}=\{l_3,l_4,l_5\}$。

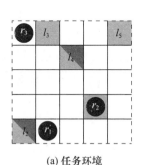

(a) 任务环境

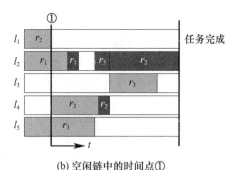

(b) 空闲链中的时间点①

图 2.7　可分配任务集合的确定

表 2.1　当前时刻可以分配给机器人 r_2 的任务

未完成任务	任务当前状态	运动代价	能否分配
l_2	已分配给 r_1	$cost_E(1,2)=1<cost_E(2,2)=\sqrt{10}$	否
l_3		空闲	能
l_4		空闲	能
l_5	已分配给 r_3	$cost_E(3,5)=4>cost_E(2,5)=\sqrt{10}$	能

▶ 2.3.2　任务分配策略

与基于市场竞拍的算法相同,机器人将以更高的优先级执行打击任务,尽早消除威胁。例如,机器人 r_3 在图 2.6(b)的时间点③完成了对 l_5 的探索任务,随即选择了针对 l_2 的打击任务,即使当前存在未分配且更接近的探索任务 l_3。并且机器人在销毁目标期间仍旧存在风险,例如 r_1 在时间点②遭到了破坏,无法继续执行任务。如果环境中没有任何可分配的打击任务,空闲机器人才会选择可疑位置进行探索。针对探索任务 $U_{\check{E}}$ 与打击任务 $U_{\check{D}}$ 的分配,遵从以下两种不同策略:

(1)贪婪策略:对于打击任务,机器人总是在满足预期打击能力($P_i \geqslant obs$
($\bar{P}_j$))的前提下选择运动代价最小的任务优先执行,尽快消除威胁。

（2）非贪婪策略：对于探索任务，机器人根据与运动代价相关的概率函数 $p(i,j)$ 选择待执行任务，提高区域覆盖效率，其中 $p(i,j)$ 定义如下：

$$p(i,j) = \frac{1/cost_E(i,j)}{\sum_{l_j \in U_{\check{E}}}(1/cost_E(i,j))} \quad r_i \in R \tag{2.10}$$

最初 MRS 不能确定目标的隐藏位置，因此如果采用贪婪策略进行探索，则所有机器人都将从最近的位置开始分配。这将导致频繁的分配冲突，以及较低的区域覆盖效率。若使用非贪婪策略，机器人仍以较大概率选择附近的位置，但同时也可能选择较远的位置。在图 2.6（b）中，一开始机器人 r_2 选择最近的位置 l_1 进行探索，而 r_1 却放弃 l_1 选择了较远的 l_2，从而避免了冲突，同时 r_3 以极低的概率选择了 l_5，也提高了对整个环境的探索效率。另外，机器人在满足条件 $P_i \geqslant obs(\tilde{P}_j)$ 的前提下，采用贪婪策略从 $U_{\check{D}}$ 中选择即将执行的打击任务，尽快消除威胁。

2.3.3 分配冲突处置

尽管非贪婪策略可以一定程度避免任务分配冲突，但仍存在多台机器人计划探索相同位置或摧毁相同目标的情况。因此，多机器人需要约定一种规则来判断是继续执行该任务还是放弃。换句话说，如果分配同一任务的队友可以以更低的运动代价完成该任务，那么当前机器人就应该果断放弃。以图 2.8（b）中的时间点④为例。先前机器人 r_1 在尝试销毁位于 l_2 的目标时不幸损毁，剩下两台机器人 r_2 和 r_3，以及尚未销毁的目标 t_2。在时间点④处，r_2 已完成当前任务并变为空闲状态。此时环境中存在未分配的探索任务 l_3 以及已分配给 r_3 但未完成的打击任务 $loc(t_2)$，并且机器人 r_3 正在向 $loc(t_2)$ 运动的途中。按照任务分配策略，r_2 更倾向于选择唯一的打击任务，但这势必导致分配冲突，即 r_2 和 r_3 会选择同一任务。由于 $cost_D(2,2) = \sqrt{13}$ 小于 $cost_D(3,2) = \sqrt{18}$，r_2 以更低的运动代价赢得了该打击任务。而为了解决冲突，r_3 果断放弃位于 $loc(t_2)$ 的任务，并且最后一个未完成的探索任务 l_3 将会立即分配给空闲的 r_3。

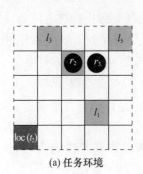

(a) 任务环境

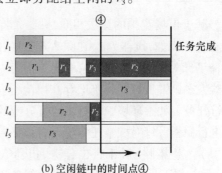

(b) 空闲链中的时间点④

图 2.8　分配冲突处置

▶ 2.3.4　算法框架

算法 2.2 详细阐述了基于空闲链算法框架完成动态任务分配的全过程,包括可分配任务的确定、不同任务的分配策略以及分配冲突的处置办法。机器人将在空闲时选择要执行的任务,为了确定能够选择哪些任务,首先需要更新 $U_{\check{E}}$ 和 $U_{\check{D}}$。为了尽快消除威胁,打击任务相比探索任务具有更高的优先级,这与基于市场竞拍的分配方法是相同的。每台机器人将在其打击能力足够的情况下基于贪婪策略选择最近的打击任务。如果没有可分配的打击任务,机器人将基于非贪婪策略选择下一个探索任务。一旦机器人选择了一项新任务,就会立即通知其队友。当机器人发现其队友分配了相同的任务且执行的运动代价较低时,它将主动放弃该任务;否则,继续执行。

对于探索与打击问题,该空闲链算法与传统算法有几个重要区别:首先,机器人根据非贪婪策略选择待执行的探索任务,不仅减少了分配冲突,而且提高了对于隐藏目标的发现效率;其次,可分配任务的确定与分配冲突处置可以提高任务的动态分配能力,并确保多机器人协作过程的顺利进行。

算法 2.2 基于空闲链算法框架的动态任务分配方法

已知:潜藏未知目标 $T = \{t_1, \cdots, t_M\}$ 的可疑区域 $L = \{l_1, \cdots, l_m\}, m > M$

1. **while** 环境中仍旧存在未完成的任务时 **do**
2. 　**if** 机器人 r_i 空闲 **then**
3. 　　更新当前可分配的探索任务 $U_{\check{E}}$ 和可分配的打击任务 $U_{\check{D}}$
4. 　　**if** $U_{\check{D}} \neq \varnothing$ **then**
5. 　　　**for** $loc(t_j) \in U_{\check{D}}$ **do**
6. 　　　　**if** $P_i \geqslant obs(\tilde{P}_j)$ **then**
7. 　　　　　预估运动代价 $cost_D(i, j) = dis(loc(r_i), loc(t_j))$
　　　　　　根据贪婪策略选择待执行的打击任务并告知队友
8. 　　　　**end if**
9. 　　　**end for**
10. 　　**else if** $U_{\check{E}} \neq \varnothing$ **then**
11. 　　　**for** $l_j \in U_{\check{E}}$ **do**
12. 　　　　预估运动代价 $cost_E(i, j) = dis(loc(r_i), l_j)$
　　　　　　根据非贪婪策略选择待执行的探索任务并告知队友

---

13.   **end for**

14.   **end if**

15.   **else if** 机器人 r_i 正在执行打击任务 $loc(t^*)$ **then**

16.   **if** 队友 r_j 分配了同样的任务 **and** $cost_D(r_i,t^*) > cost_D(r_j,t^*)$ **then**

17. r_i 放弃该任务

18.   **else**

19.   **if** 机器人 r_i 到达任务区域 $loc(t^*)$ **and** $P_i > \tilde{P}t^*$ **then**

20.   更新 $U_{\check{D}} = U_{\check{D}} \backslash \{loc(o^*)\}$ 并且 r_i 空闲

21.   **else if** 机器人 r_i 到达任务区域 $loc(t^*)$ **and** $P_i < \tilde{P}_{t^*}$ **then**

22.   更新 $R = R \backslash \{r_i\}$, $obs(\tilde{P}_{t^*}) = P_i + 1$

23.   **end if**

24.   **end if**

25. **else if** 机器人 r_i 正在执行探索任务 l^* **then**

26.   **if** 队友 r_j 也分配了同样的任务 **and** $cost_E(r_i,l^*) > cost_E(r_j,l^*)$ **then**

27. r_i 放弃该任务

28.   **else**

29.   **if** 机器人 r_i 到访可疑区域 l^* **then**

30.   更新 $U_{\check{E}} = U_{\check{E}} \backslash \{l^*\}$ 并且 r_i 空闲

31.   **if** 发现目标 t **then**

32.   更新 $U_{\check{D}} = U_{\check{D}} \cup loc(o)$

33.   **end if**

34.   **end if**

35.   **end if**

36.   **end if**

37. **end while**

2.4 基于深度 Q 学习的动态任务分配算法

当机器人处于未知、动态且大范围的任务环境时,基于机器学习的算法框架成为了理想的方案。而实际上,针对多机器人任务分配的应用中也多次出现了机器学习的身影。但随着机器人数量的增加以及环境范围的扩大,学习空间的爆炸式增长成为了该方法的应用瓶颈。而深度 Q 网络使用神经网络代替传统的 Q 函数,特别适合对高度结构化的数据进行特征提取,可以有效地解决此类问题[85,145]。于是本节也将提出一种基于 DQN 的算法框架,以实现探索和打击问题中的动态任务分配。深度 Q 学习算法的实现思路如图 2.9所示。

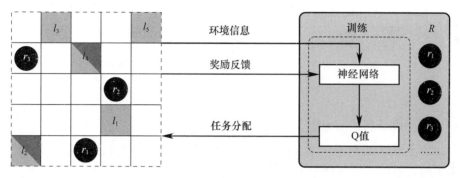

图 2.9　深度 Q 学习算法的实现思路

2.4.1　环境信息描述

根据强化学习理论,状态序列 s 是机器人由传感器感知或队友通信所获取的环境信息。它包含当前所有机器人的位置信息以及所有任务的状态信息。本节将考虑两种描述环境信息的方法 $\boldsymbol{\phi}(s)$。

1. 根据预定顺序创建

按照自身信息、队友信息、任务信息的顺序创建环境信息矩阵 $\boldsymbol{\phi}(s)$。其中 i表示机器人编号,x_i 和 y_i 表示机器人的位置坐标,而 c_i 表示机器人当前的旅行成本。此外,j 用于表示任务编号,$\overline{x_j}$ 和 $\overline{y_j}$ 表示该任务的位置坐标,g_j 用于表示当前的任务状态:

$$g_j = \begin{cases} -1 & \text{(未分配)} \\ 0 & \text{(已分配)} \end{cases} \tag{2.11}$$

为了简化环境信息,对机器人和任务位置都进行了四舍五入的取整处理,即它们只会位于边长为 1 的单位区域内。以图 2.10 为例,图 2.10(b)展示了机器人 r_2 所获取的环境信息。这是 DQN 中环境信息最常见也最直观的表现形式。但它仅适用于小型环境,随着机器人和任务数量的增加,矩阵的大小也会逐渐增大。一是规模逐渐扩大的环境信息可能影响学习效率,二是机器人或任务数量的变化会导致描述环境信息 $\boldsymbol{\phi}(s)$ 的矩阵大小不再匹配该网络的输入,必须重新训练新的神经网络。

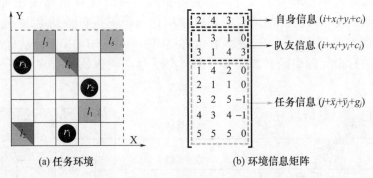

(a) 任务环境   (b) 环境信息矩阵

图 2.10　根据预定顺序创建环境信息矩阵

2. 根据几何关系创建

为了解决上述问题,本节尝试根据几何关系创建环境信息矩阵。借鉴图像采集的思想,不再利用数值明确地表示机器人或任务的位置,而是利用两者信息在环境信息矩阵中的分布情况隐式地表示它们的位置。以图 2.11 为例,图 2.11 (b)展示了机器人 r_2 获取的环境信息。同样对机器人和任务位置都进行取整处理,并且由于机器人存在碰撞体积,多台机器人不会出现在同一单位区域。其中包含两个描述环境信息的矩阵,在左矩阵(位置矩阵)中,常数 1 表示所在位置是机器人,数字 2 指代队友,而负数 $-j$ 表示编号为 j 的任务,以区别于机器人。在右矩阵(状态矩阵)中, -1 或 0 表示任务的两种状态 g_j ,范围 $[0,\infty)$ 之间的整数表示机器人当前的旅行成本 c_i 。如果该位置既不是机器人也不是任务,则将标记为 0。如此一来,尽管环境中的机器人或任务数量会有所变化,只要环境大小不变,矩阵的大小就不会改变。结合探索与打击问题中机器人与任务数量均可能动态变化的设定,根据几何关系创建环境信息矩阵将是更合适的方法。

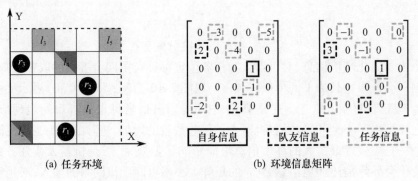

(a) 任务环境   (b) 环境信息矩阵

图 2.11　根据几何关系创建环境信息矩阵

2.4.2　任务分配与奖励反馈

本场景中强化学习产生的动作 $a \geqslant 0$ 即是分配的任务,而不是常见的速度或方向[146]。其中 $a = 0$ 表示机器人在这一轮中未分配任何新的任务。分配任务时通常采取 ϵ – greedy 策略,该策略以 $1 - \epsilon$ 的概率选择 Q 值最大的任务,或者以 ϵ 的概率随机选择下一个任务。与其他常见的 DQN 应用不同,机器人不会在每步(一个程序执行周期)都产生新的动作,即选择新的任务。只有当环境中存在未分配的任务时,才会触发任务分配并产生新的动作 a,并获得相应的奖励反馈 r。而在多机器人任务分配问题中,有三个指标常用于描述算法的性能表现:

(1)所有机器人的旅行成本: $\sum_i c_i$;

(2)完成所有已分配任务的时间(完成时间正比于旅行成本): $\max c_i$;

(3)负载均衡: $\min c_i / \max c_i$。

因此,每次任务分配后返回的奖励可以表示为

$$reward = -\alpha \sum_i c_i - \beta \max c_i - \gamma \left(1 - \frac{\min c_i}{\max c_i} \right) + N_{\text{allocated}} \quad (\alpha, \beta, \gamma > 0)$$

(2.12)

$\alpha, \beta, \gamma \in \mathbb{R}_+$,用于调整不同指标对奖励反馈的影响。最后一项 $N_{\text{allocated}}$ 表示已分配任务的数量,也是唯一的正奖励反馈以鼓励机器人主动参与任务分配。根据式(2.12),当每次分配任务时,神经网络都会产生不同的奖励。如果重新分配已分配的任务,则 $\sum_i c_i$ 将会扩大,$\max c_i$ 可能扩大,而 $N_{\text{allocated}}$ 保持不变,势必产生较小的奖励反馈。又或是已经分配了大量任务的机器人再次分配一个新任务,$\sum_i c_i$、$\max c_i$ 和 $(1 - \min c_i / \max c_i)$ 必将扩大,即使 $N_{\text{allocated}}$ 加一,网络所产生的奖励也不会太高。但如果空闲机器人选择了一个更接近自身的任务,尽管 $\sum_i c_i$ 会适当增大,但是 $\max c_i$ 不会改变,$(1 - \min c_i / \max c_i)$ 反而会减小,$N_{\text{allocated}}$ 也会增大,最终换来更大的奖励反馈。而训练的过程也正是利用这些奖励刺激机器人产生更好的任务分配结果。

 2.4.3　算法框架

算法 2.3 详细呈现了深度 Q 学习方法的具体实施步骤,其中包括环境信息描述、任务分配、奖励反馈与网络迭代的过程。该算法是在文献[85]中的标准算法框架基础上针对动态任务分配问题进行的改进。通常将权重为 ϕ 的神经网络函数称之为 Q 网络,并通过最小化损失函数 $\mathcal{L}_i(\theta_i)$ 来完成网络的训练:

$$\mathcal{L}_i(\theta_i) = \mathbb{E}_{s,a,\sim\rho(\cdot)}\left[\left(y_i - Q(\boldsymbol{\phi}, a; \theta_i)\right)^2\right] \tag{2.13}$$

其中，$\rho(s,a)$ 是环境信息 s 与动作（任务分配结果）a 的概率分布。优化损失函数 $\mathcal{L}_i(\theta_i)$ 时，前次迭代的 θ_{i-1} 参数保持固定。当 $t > base\_steps$ 后，意味着经验池 $\mathcal{D}$ 已具有足够的样本，网络学习就此开始，并且学习周期为 $learn\_iter$。θ^- 是目标网络参数，仅以固定周期 $replace\_iter$ 完成迭代。

算法 2.3 基于深度 Q 学习的动态任务分配方法

已知：潜藏未知目标 $T = \{t_1, \cdots, t_M\}$ 的可疑区域 $L = \{l_1, \cdots, l_m\}, m > M$

1. 初始化容量为 $\mathcal{N}$ 的经验池 $\mathcal{D}$

2. 以随机权重初始化 Q 函数

3. **for** $episode = 1 : \mathrm{MAX}(episodes)$ **do**

4.   初始化环境信息序列 s_1 以及处理后的序列 $\boldsymbol{\phi}_1 = \boldsymbol{\phi}(s_1)$

5.   **for** $t = 1 : \mathrm{MAX}(ep\_steps)$ **do**

6.   **if** 存在未分配的任务 **then**

7.   **if** $\epsilon - greedy$ **then**

8.   以 $1 - \epsilon$ 的概率选择 Q 值最大的任务

          或者以 ϵ 的概率随机选择下一个任务

9.   **else**

10.   选择 $a_t = \max_a Q^*(\boldsymbol{\phi}(s_t), a; \theta)$

11.   **end if**

12.   任务 a_t 已分配并得到奖励反馈 r_t

13.   令 $s_t \rightarrow s_{t+1}, \boldsymbol{\phi}_{t+1} = \boldsymbol{\phi}(s_{t+1})$

14.   将 $(\boldsymbol{\phi}_t, a_t, r_t, \boldsymbol{\phi}_{t+1})$ 存储到经验池 $\mathcal{D}$

15.   **if** $t > base\_steps$ **and** $t\% learn\_iter == 0$ **then**

16.   从经验池 $\mathcal{D}$ 中随机抽取部分经验 $(\boldsymbol{\phi}_j, a_j, r_j, \boldsymbol{\phi}_{j+1})$

17.   **if** $\boldsymbol{\phi} == terminal$ **then**

18.   设 $y_j = r_j$

19.   **else**

20.   设 $y_j = r_j + \gamma \max_{a'} Q(\boldsymbol{\phi}_{j+1}, a'; \theta)$

21.   **end if**

22.   执行梯度下降 $(y_j - Q(\boldsymbol{\phi}_j, a_j; \theta))^2$

23.   **end if**

24.   **if** $t\% replace\_iter == 0$ **then**

25.　　　　　迭代目标网络参数 $\theta^- = \theta$

26.　　　　**end if**

27.　　　**end if**

28.　　　**if** 所有任务均已完成 **then**

29.　　　　**break**

30.　　　**end if**

31.　　**end for**

32. **end for**

2.5　实验验证与结果分析

为了评估上述三种方法,本节基于机器人操作系统(robot operating system, ROS)与三维仿真环境 Gazebo[147-148],专门构建了一个适用于多机器人动态任务分配问题的仿真系统①。该仿真系统模拟分布式多机器人,为每台仿真机器人创建不同的 ROS 节点以独立运行整个程序。这样的仿真系统将更接近实际环境,并具有通信延迟、传感器噪声以及世界模型差异等分布式系统常见的问题。本章提出的三种方法已集成到仿真系统中,并可以自定义地图大小、任务数量和机器人数量等进行多次实验。图 2.12(a)展示了仿真系统的控制与反馈终端,图 2-12(b)显示了 Gazebo 中的仿真过程。

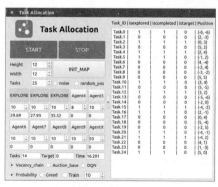
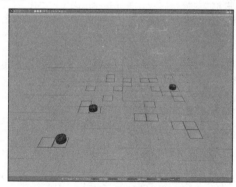

(a) 控制与反馈终端　　　　　　　　　(b) Gazebo中的仿真过程

图 2.12　适用于多机器人动态任务分配问题的仿真系统

---

① 该仿真环境已在 Github 开源:https://github.com/nubot-nudt/dynamic_task_allocation。

▶ 2.5.1 仿真系统框架

该仿真系统包含 6 个组成部分(ROS package):

(1)allocation common:包含仿真系统使用的核心定义、ROS 主题与 ROS 服务。

(2)allocation gazebo:包括实现模型控制和状态反馈的模型插件和世界插件。

(3)control terminal:具有参数控制与信息反馈功能的可视化界面,方便用户操作和监视任务分配过程。

(4)DQN:基于 tensorflow 构建的深度 Q 学习网络。

(5)gazebo description:用于描述机器人、任务以及世界模型的 SDF 文件。

(6)task allocation:包含本章所提三种方法的核心算法程序。

仿真系统中的节点利用 ROS 主题或服务交换信息,如图 2.13 所示。每台机器人都具备独立的 task_allocation 节点,并且随着机器人数量的增多,通信将会变得更加复杂。仿真系统对探索与打击背景下的实际环境做了大量简化,其中图 2.12(b)中的黑框方形区域表示需要探索的可疑位置,当 MRS 开始执行任务前,需要预先设置一些参数:

(1)任务环境的大小;

(2)任务环境中可疑区域的数量以及参与执行任务的机器人数量;

(3)设置不同机器人的打击能力P_i;

(4)是否对机器人自定位添加高斯噪声;

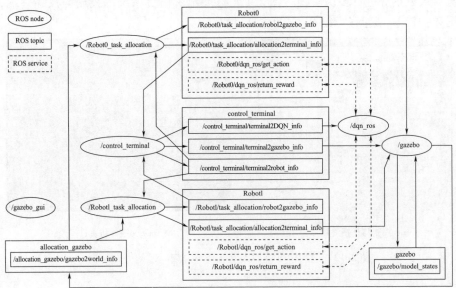

图 2.13 仿真系统 ROS 节点示意图(以两台机器人为例)

（5）机器人起始位置（随机产生或环境左下角）；

（6）采用何种算法（基于市场竞拍、空闲链或深度 Q 学习）；

（7）当使用基于空闲链的分配算法时，可选择采用何种任务分配策略（贪婪或非贪婪）；

（8）当使用基于深度 Q 学习的分配算法时，可设置训练模式（包括训练时间）或测试模式。

该仿真系统为多机器人动态任务分配问题提供了便于使用的实验环境，并且可以扩展到其他多机器人应用场景中。

▶ 2.5.2　仿真实验设计

为了全面充分地评估三种算法针对探索与打击问题的任务分配表现，将从以下因素考虑实验设计的多样性。

1. 不同环境尺寸

实验会在一大一小两个任务环境中分别进行，小环境为 10×10 的矩形区域，其中包含 20 个可疑位置，大环境为 16×16，包含 40 个可疑位置，目标数量不定，随机分布于可疑位置中，如图 2.14（a）所示。

2. 不同团队规模

实验会考虑三种团队规模，即单机器人、小型团队（5 台机器人）与大型团队（10 台机器人），如图 2.14（b）所示。

3. 不同起始位置

以下实验中，机器人会由两种起始位置出发，整齐地排列在左下角或随机散布在地图周围，如图 2.14（c）所示。

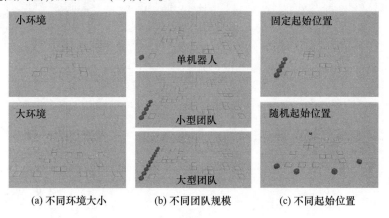

(a) 不同环境大小　　　(b) 不同团队规模　　　(c) 不同起始位置

图 2.14　针对探索与打击问题的任务分配表现的实验设计

4. 不同打击能力

在执行任务之前,还可以设置不同机器人的打击能力。后续实验将分为两种情况:一是所有机器人都具备最强的打击能力($P_i = 10$),这意味着在执行过程中不会有任何机器人的损坏;二是为机器人设置不同的打击能力,部分机器人可能因能力不足($P_i < \bar{P}_j$)而损坏。为了确保所有目标最终都能被销毁,将至少派出一台具备最强打击能力的机器人。

2.5.3　不同设置下的实验结果

机器人团队的目标是探索所有可疑位置并销毁所有隐藏目标。实验会随机设置每个目标的隐藏位置与反击能力,并且它们在环境中的分布情况事先并不被机器人知晓。通过记录所有机器人的完成时间和能量消耗以及可能存在的机器人损坏情况来评估三种方法的性能表现。假设机器人行驶单位长度距离时消耗的能量是恒定的,即能量消耗正比于旅行成本,所以使用米(m)作为单位。每组实验将保持同样的设定重复独立地进行 10 次,以滤除随机因素的影响。

1. 实验 1——单机器人参与 20 个可疑位置的分配

首先以单机器人实验为基础,观察不同分配方法在完成时间、能量消耗和运动轨迹上的特征表现。如图 2.15 所示,机器人若使用基于市场竞拍的算法则能

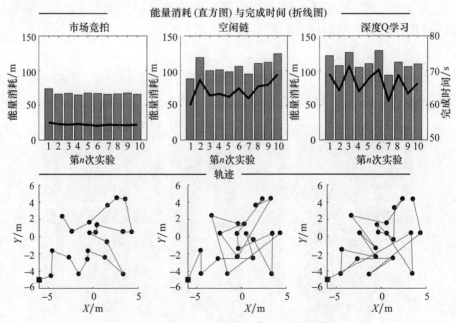

图 2.15　单机器人参与 20 个可疑位置的分配

够以更短的完成时间及更少的能量消耗完成所有任务,同时轨迹也更加有序。由于不需要与队友分担工作量,单台机器人的完成时间与能量消耗基本是等价的。在本实验中,根据最小运动代价分配任务的市场竞拍算法明显更加有利,而根据非贪婪策略分配任务的其他两种算法则效果不佳。

2. 实验 2——小型团队参与 20 个可疑位置的分配

相比于单机器人的执行效果,本节更加关注多机器人参与任务分配时的算法性能表现。首先考虑所有机器人均以左下角的固定起始位置开始执行任务,结果显示在图 2.16 中。在基于市场竞拍的算法中,由于任务总是分配给最近的机器人,从而导致个别机器人分配了大量任务,增加了完成时间。观察每台机器人的能量消耗可以发现,基于市场竞拍的算法在负载均衡方面的表现要比其他

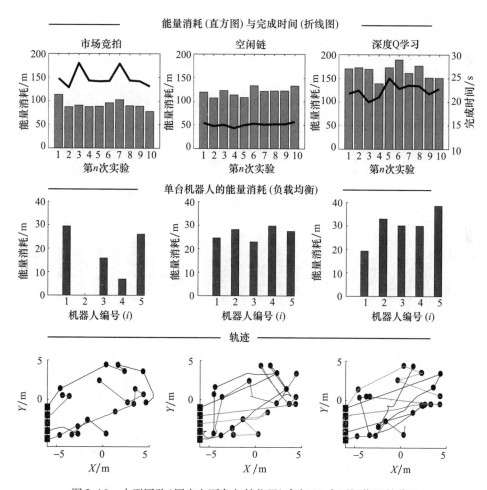

图 2.16　小型团队(固定左下角起始位置)参与 20 个可疑位置的分配

两种方法差,但是该方法在总的能量消耗上仍然略有优势。在基于空闲链的算法中,机器人都会一直移动直到所有任务完成,尽管中途可能会放弃任务使得先前的移动毫无用处,但该方法却能减少完成时间。反观基于深度 Q 学习的算法,目前只能完成任务分配,但在完成时间和能量消耗方面的表现均不理想。

然后,机器人从随机散布在地图周围的初始点开始。如图 2.17 所示,基于空闲链与深度 Q 学习算法的结果变化不大,而基于市场竞拍的算法却对此变化非常敏感,完成时间和能量消耗都有所减少。原因是在该方法中,机器人起始位置的分散有助于任务分配的分散,可以避免在前一个实验中个别机器人分配太多任务而导致负载不均衡的情况发生。尽管如此,空闲链方法在完成时间上仍然保持着轻微优势,而基于市场竞拍算法的能量消耗几乎只有空闲链和深度 Q 学习算法的一半。

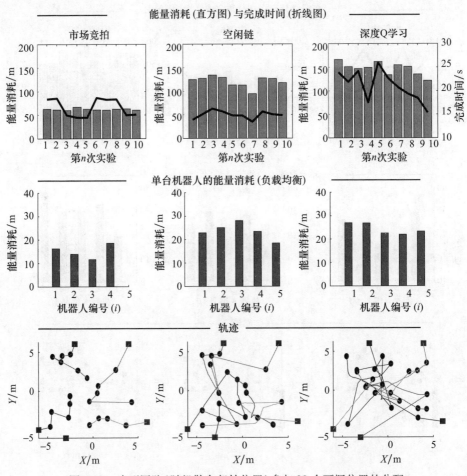

图 2.17　小型团队(随机散布起始位置)参与 20 个可疑位置的分配

前面的实验中,机器人的打击能力均设置为$P_i = 10$,这意味着机器人在执行期间不会遭到破坏。接下来,实验为每台机器人初始化不同的打击能力,从而增加任务执行过程中的不确定性。此次任务分配仍旧采用小型团队,各机器人的打击能力和起始位置如表 2.2 所示。根据图 2.18 中展示的结果,可以发现基于空闲链的方法相较其他两种算法在完成时间与能量消耗上都具有轻微优势,并且 10 次实验中受损机器人的平均数量也最少。

表 2.2　参与任务的 5 台机器人的打击能力与起始位置

项目	1 号机器人	2 号机器人	3 号机器人	4 号机器人	5 号机器人
打击能力	10	9	8	7	6
起始位置	(-2,6)	(-3, -6)	(-6, -5)	(-4,6)	(-3,6)

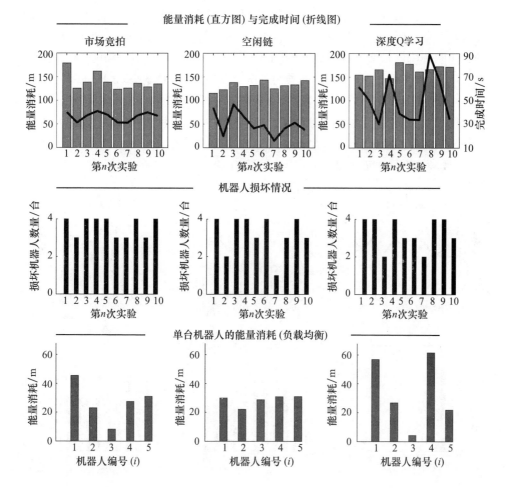

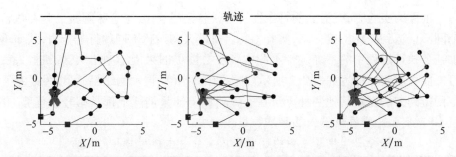

图 2.18　小型团队(具备不同打击能力)参与 20 个可疑位置的分配

3. 实验 3——大型团队参与 40 个可疑位置的分配

接下来的实验将进一步扩大环境尺寸(16m×16m)以及团队规模(10 台机器人的大型团队),并在上述三种不同条件下再次进行实验。首先,所有机器人都以左下角的固定起始位置开始执行任务,其结果如图 2.19 所示。随着环境尺寸和团队规模的扩大,不同算法的优缺点也被进一步放大。在基于市场竞拍的方法中,尽管派出了 10 台机器人参与任务,但由于它们初始分布过于密集,仅有 4 台机器人分配到了任务。能量消耗降低的代价是较长的完成时间与较差的负载均衡表现。同时,实验还发现在越大的环境中,基于深度 Q 学习的算法表现与其他两种算法的差距也越大。原因可能是环境信息与任务分配的复杂度增加,导致学习网络难以收敛,从而影响算法性能。

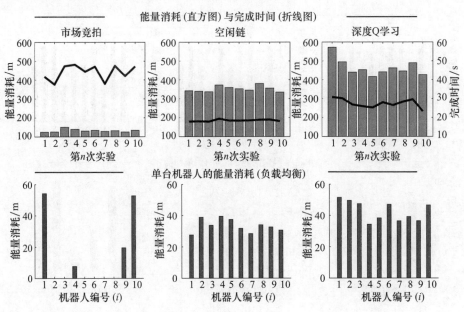

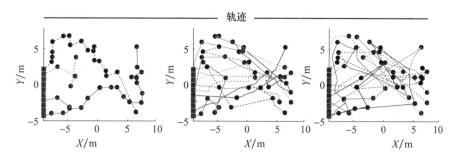

图 2.19　大型团队(固定左下角起始位置)参与 40 个可疑位置的分配

　　然后,机器人从散布在地图周围的随机起始位置出发。根据图 2.20 展示的结果,可以发现其与小型团队的变化趋势基本相同,基于市场竞拍算法的完成时间有所减少,而其他两种方法的性能表现则没有太多变化。最后,分别具备不同打击能力的 10 台机器人将由随机起始位置开始执行任务,它们的具体打击能力与起始位置分布如表 2.3 所示。实验结果如图 2.21 所示,从中可以发现,基于空闲链的方法在完成时间与负载均衡方面的性能均优于其他两种方法,而基于市场竞拍的方法仍然在能量消耗上保持优势,基于深度 Q 学习的方法在所有方面的表现都差强人意。

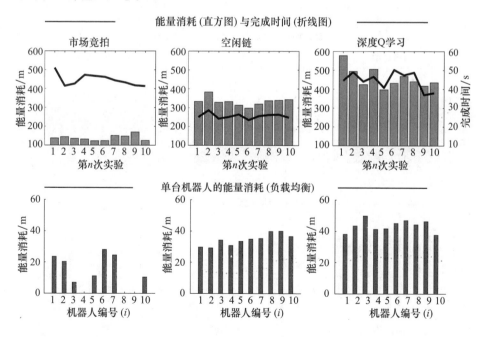

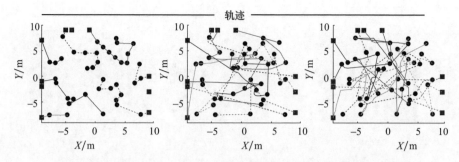

图 2.20 大型团队(随机散布起始位置)参与 40 个可疑位置的分配

表 2.3 参与任务的 10 台机器人的打击能力与起始位置

项目	1 号机器人	2 号机器人	3 号机器人	4 号机器人	5 号机器人
打击能力	10	10	9	9	8
起始位置	(-5,9)	(3,9)	(9, -7)	(-6, -9)	(-9, -8)
项目	6 号机器人	7 号机器人	8 号机器人	9 号机器人	10 号机器人
打击能力	8	7	7	6	6
起始位置	(3, -9)	(-9, -1)	(1,8)	(7, -9)	(-5, -9)

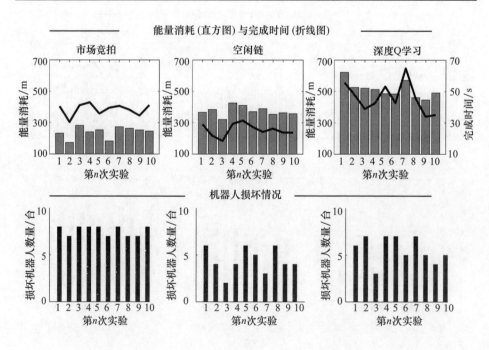

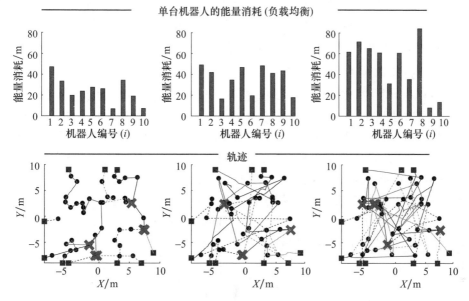

图 2.21　大型团队(具备不同打击能力)参与 40 个可疑位置的分配

2.5.4　实验结果分析

从实验结果来看,三种方法(基于市场竞拍、空闲链、深度 Q 学习)在多机器人动态任务分配的不同方面(完成时间、能量消耗、负载均衡以及机器人损坏情况)都表现出很大的区别。

1. 基于市场竞拍的算法

该算法总是采取贪婪策略为机器人分配运动代价最低的任务,并且在获得新的探索任务后将调整任务执行顺序,因此该方法始终保持着能量消耗上的优势。随着机器人数量的增加,尤其是所有机器人均以左下角作为起始位置时,该方法为了最大程度地减少能量消耗,会将大量任务分配给同一机器人。同时部分机器人将因未分配任务而一直保持静止,这也意味着负载均衡的性能表现不佳。最后,承担较多任务的机器人则需要更长的完成时间,进而导致总完成时间延长。

2. 基于空闲链的算法

该算法中每个机器人都基于非贪婪策略选择下一个探索任务。并且在该方法中,机器人队伍在完成所有任务之前,任何可用机器人都不会保持空闲,因此可以实现更短的完成时间以及更佳的负载均衡表现。也正是因为非贪婪的分配策略与频繁的重分配操作,导致了更混乱的轨迹与更大的能量消耗。另外,使用空闲链方法时,受损机器人的平均数量也较少,这是因为非贪婪策略有一定概率使打击能力较低的机器人避开更危险的目标。

3. 基于深度 Q 学习的算法

该算法可以应对多机器人的动态任务分配问题,但是在绝大多数情况下,与其他两种方法相比,它的执行效果总是差强人意。并且随着机器人和任务数量的增加,这种差距会变得越来越明显。可能的原因是,随着机器人和任务数量的增加,环境信息的复杂度提高,导致学习效率低下。并且动作的选择(任务分配)表现为策略级行为,这使得奖励非常稀疏并且难以获得大量的训练样本[149]。另外,该算法性能对于奖励反馈的设置极其敏感,略微的调整都可能引起算法性能的不佳。但是基于深度 Q 学习的方法优势在于它是由数据驱动的,不需要依靠人为设计的分配策略。

2.6 小　结

本章研究了探索与打击背景下的多机器人动态任务分配问题。与常见的任务分配相比,此问题具有以下特点:

(1)机器人需要处理两种不同类型的任务;

(2)打击任务伴随着探索任务的执行而动态产生;

(3)机器人与目标都具备不同的打击能力或反击能力,这也决定了机器人执行打击任务的不同结果。

因此,传统的任务分配方法不能直接应用于本问题。本章首先对基于市场竞拍和空闲链的传统算法进行了改进,以适用于探索和打击问题的动态任务分配,随后提出了一种基于深度 Q 学习的算法来解决该问题。另外,本章还基于 ROS 和 Gazebo 专门搭建了适用于多机器人动态任务分配问题的仿真系统,以验证所提出算法的有效性。

大量的实验结果表明,基于市场竞拍的分配方法在能量消耗上占有绝对优势,并且分散设置机器人起始位置将有利于完成时间与负载均衡方面的表现。基于空闲链的方法在完成时间、负载均衡以及机器人损坏数量方面都有着更佳的表现,随着团队规模和环境范围的扩大,这种优势将变得更加明显。基于深度 Q 学习的方法是一种新的尝试,尽管效果差强人意,但仍可以在没有预先设计分配策略的情况下完成多机器人动态任务分配。由本章中的所有实验结果可以发现,基于机器智能(包括机器学习)实现对 MRS 的策略级控制并未取得理想的效果,接下来的章节将引入人类智能实现人–多机器人系统的共享控制。

第3章　基于观点动力学的人－多机器人系统共享控制框架[①]

基于机器学习的 MRS 动态任务分配完全依赖机器智能,整个过程将全自主运行,无须人类干预,执行效率较高,并且采用数据驱动形式,无须事先建立系统模型。但这一切都基于庞大的离线训练数据,训练耗时长且泛化能力较差,并且多机器人策略级行为的训练数据采集难度也较大。然后,类似方法都无法克服单机器人在传感器误差或 MRS 在节点间通信延时等方面的固有缺陷,而它们将影响最后的控制效果。而且一旦神经网络形成后,人类便不能在执行任务的过程中随意干涉机器人的行为决策,所有的参数修改都必须经历重新训练,灵活性较差。

针对上述问题,本章以机器人足球世界杯(RoboCup)中型组比赛(MSL)[150]为应用背景,研究高动态、强对抗以及全分布式场景下的人－多机器人共享控制。该比赛是典型的多机器人协同控制测试平台,比赛实景如图 3.1 所示,比赛期间,队伍中的每台机器人都需要根据当前的场上形势快速且合理地选择应对策略[76]。在该系统中,由于来自机器人车载传感器的测量误差,每台机器人所维护的世界模型是不一致的,这将产生不同甚至错误的策略选择。本章通过脑机接口(brain - computer interface, BCI)技术将人类观点引入到 MRS 中,并基于**观点动力学(opinion dynamics)**模型建立差异化世界模型下的人－多机器人系统(human - multi robot systems, HMRS)策略共识。最终实现的人机共享控制可以充分结合两者优势来提高策略选择的正确率,并针对性地设计了半实物仿真系统对该共享控制方法的实施效果进行了验证。

① 该研究成果的英文版已发表在"Lin Y, Dai W, Lu H, et al. Brain - Computer Inter face for Human - Multiroboe Strategic Consensus with a Differential World Model[J]. Applied Ineelligence, 2020, 51(6): 3645 - 3663."

图 3.1   机器人足球世界杯中型组比赛实景

3.1   基于差异化世界模型的人–多机器人系统策略共识

在高动态的足球机器人比赛中,当我方机器人失去或重获球权时,MRS 就需要选择一种新的策略。每台机器人均依靠传感器信息与通信共享信息更新其独立维护的世界模型,并根据该世界模型判断场上形势迅速做出响应,向人类提供一致的推荐策略,如图 3.2 中①所示。人类根据自己的经验知识,接受或拒绝推荐策略。如果拒绝,则他/她需要使用 BCI 对人类策略进行重新选择。再次通过观点动力学模型生成最终的一致策略,如图 3.2 中②所示。根据我方是否拥有球权,可将策略分为两大类:进攻和防守。进攻策略可再细分为激进、平衡和保守;防守策略分为区域(防守)、盯人(防守)和夹击(防守)。

真实的足球比赛瞬息万变,对抗策略也是千变万化。为了降低人类操控者的参与难度,本章所涉及的赛场环境将满足以下假设:

假设:

为了避免频繁地更改策略,当且仅当我方机器人丧失或重获球权时才会重新选择策略。

假设:

为了简化模拟比赛的过程,不管是我方机器人队伍还是对方机器人队伍,策略选择只会有六种(激进、平衡、保守以及区域、盯人、夹击)。

人类操控者除了能够参与多机器人的策略选择外,还可以通过 BCI 技术随时控制单台机器人的部分行为,包括立即提高或降低机器人的最大速度。当场上机器人电量过低或出现故障时,派出替补机器人替换场上队员。

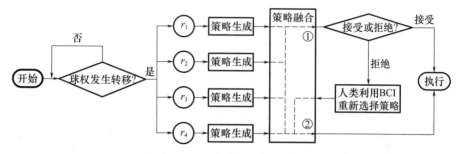

图 3.2 共享控制实现流程图

3.1.1 差异化世界模型

赛场上存在四台已方机器人 $R = \{r_1, r_2, r_3, r_4\}$ 与四台对方机器人 $O = \{o_1, o_2, o_3, o_4\}$。此外,还有一台已方机器人作为替补在场外待命,未上场前不会参与决策。机器人 r_i 可通过车载的视觉传感器[151-152]获知自己的绝对位置 $abs(r_i)$ 以及对手的相对位置 $\{rel(o_j), o_j \in O\}$(速度 $\{vel(o_j), o_j \in O\}$ 也可通过位置差分来获得)。众所周知,任何传感器都会出现测量误差甚至检测错误。在本章的研究中,不管是我方机器人的自定位还是对对方机器人的识别都存在偏差。队友之间将始终保持通信,每台机器人会周期性地发布自身位置与策略信息,同时订阅队友的位置和策略信息。本章暂时不考虑通信延迟所引起的世界模型偏差,于是差异化的世界模型如图 3.3 所示。

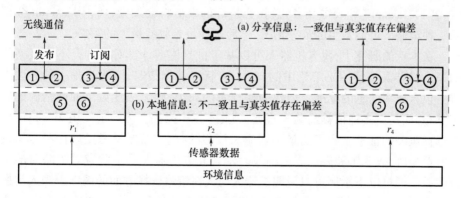

图 3.3 差异化世界模型的形成

① 表示自身的绝对位置 $abs(r_i)$;

② 表示自身的策略信息 $str(r_i)$;

③ 表示队友的绝对位置 $\{abs(r_j), r_j \in R \setminus \{r_i\}\}$;

④ 表示队友的策略信息 $\{str(r_j), r_j \in R \setminus \{r_i\}\}$;

⑤ 表示对方机器人的绝对位置 $\{abs(o_j) = rel(o_j) + abs(r_i), o_j \in O\}$;

⑥ 表示对方机器人的运动速度 $\{vel(o_j) = \nabla abs(o_j), o_j \in O\}$,其中 ∇ 符号表示差分操作。

上述列表中的①和③在更新方式上有所不同,但在后续内容中,它们统称为 $\{abs(r_i), r_i \in R\}$,表示我方机器人的绝对位置。同样地,也可将②与④合并为 $\{str(r_i), r_i \in R\}$ 以表示我方机器人的策略信息。不管是我方机器人还是对方机器人的位置信息都与实际位置存在偏差,因此基于这些位置信息计算的速度和策略信息也不完全准确。但依托无线通信,我方机器人在自身位置与策略信息上可以保持一致(图3.3(a))。但对方的位置与速度都基于本台机器人独立的识别结果,并不参与信息交换,所以与真实值存在偏差的同时也不一致(图3.3(b))。对于机器人来说,当前所维护的世界模型是所有计算与决策的基础,获取环境信息的差异会不可避免地造成策略选择的不一致。

▶▶ 3.1.2 决策论

面对不同的场上形势,该如何选择最佳的应对策略? 其中决策论[153]有三种常用的标准:

(1)Maxiexp(现实主义者)依靠概率统计理性地分析采取每种策略的期望收益,选择其中值最大的策略,所以该标准也称为贝叶斯原则。

(2)Maximax(乐观主义者)总相信最好的事情将会发生,所以 Maximax 会记录每种策略下可能发生的最佳情况,然后选择最佳收益最大的策略。

(3)Maximin(悲观主义者)总担心最坏的事情将会发生,所以 Maximin 会记录每种策略下可能发生的最差情况,然后选择最差收益最大的策略。

在本章的研究中,我方机器人可以基于世界模型计算对手选择不同策略的概率。机器人将使用决策论中的 Maxiexp 标准选择策略,因为这是三种方法中唯一包含概率信息的标准。但作为操控者的人类,则无法计算出如此精确的概率分布,而是更多地依赖经验和直觉,因此本章中操控者将约定使用 Maximax 作为选择策略的标准。为了衡量不同应对策略的收益,需要参考足球比赛常识设定收益矩阵,表3.1和表3.2中的值表示当我方机器人采用此应对策略时的不同收益。通过以下示例可以说明机器人与人在策略选择方面的区别。当人类操控者和机器人同时面对进攻策略选择时,机器人首先利用自己的信息采集与处

表 3.1　我方采取对应进攻策略的收益

我方应对策略		激进	平衡	保守
预测对方策略	区域	1	2	5
	盯人	3	5	3
	夹击	5	2	1

表 3.2　我方采取对应防守策略的收益

我方应对策略		区域	盯人	夹击
预测对方策略	激进	5	2	1
	平衡	3	5	3
	保守	1	2	5

理优势快速地计算出对手选择不同防守策略的概率 p（区域）、p（盯人）以及 p（夹击）。因此，各种应对策略的期望收益为

$$\begin{cases} e(\text{激进}) = p(\text{区域}) + 3p(\text{盯人}) + 5p(\text{夹击}) \\ e(\text{平衡}) = 2p(\text{区域}) + 5p(\text{盯人}) + 2p(\text{夹击}) \\ e(\text{保守}) = 5p(\text{区域}) + 3p(\text{盯人}) + p(\text{夹击}) \end{cases} \quad (3.1)$$

机器人将选择期望收益最大的 Max(e（激进），e（平衡），e（保守））作为最佳的应对策略。但是人类无法获得如此精确的概率分布，所以一般采用 Maximax 标准，例如一旦他/她认为对手最有可能采用区域防守策略，他/她将立即选择收益最大的保守进攻策略。

 ### 3.1.3　本章涉及的不同策略形式

在本章的研究中，根据参与决策的成员（人或/与机器人系统）不同，可以将策略分为以下五种类型。

（1）绝对正确的策略（s_c）是基于绝对准确的世界模型所获得的策略，并且在同一环境中是唯一的，它是判断其他策略正确与否的参考。由于绝对正确策略（s_c）是一种理想结果，实际场景中，无论是机器人还是人类操控者都无法得出，只用作仿真实验中的正确率分析。

（2）单机器人策略的集合（$S_r = \{\text{str}(r_i), r_i \in R\}$）中的每个策略均基于机器人单独维护的差异化世界模型，不同机器人所获得的结果也不尽相同。

（3）多机器人策略（s_{rs}）是基于单机器人策略集合 S_r 所获得的一致策略，并将作为推荐策略提交给人类操控者。

（4）人类策略（s_h）代表操控者不接受推荐策略时，通过 BCI 重新选择的策

略(若人类接受 MRS 的推荐策略,则 $s_h = s_{rs}$)。

(5)人 – 多机器人策略(s_{hr})是基于单机器人策略集合S_r 与人类策略s_h所获得的一致策略,它将是人 – 多机器人共享控制所产生的最终策略选择(若人类接受 MRS 的推荐策略,则$s_{hr} = s_{rs}$)。

3.2 基于机器人位置分布生成单机器人策略

如果我方机器人想要选取最佳的应对策略,则首先需要根据双方机器人的位置分布预测对手即将采取的策略,其中进攻和防守策略的预测方法是不同的。

▶ 3.2.1 预测对手即将采取的进攻策略

进攻策略可分为激进、平衡与保守。根据世界模型中对方机器人的当前位置 $abs(o_j)$ 以及运动速度 $vel(o_j)$,并假设机器人短时间内速度保持恒定的前提下,可以得到对方机器人的预期位置 $exp(o_j)$。根据预期位置的分布情况,可以计算出对手选择不同进攻策略的可能性。如图 3.4 所示的凸包由对方机器人的预期位置构成,当场上存在四台对方机器人时,可能会出现两种不同形状的凸包。将整个比赛场地划分为三个区域,以 $x = -200$ 和 $x = 200$ 为界。这些区域将与机器人形成的凸包产生三个重叠区域,而每个区域的面积都被量化为对方采取不同进攻策略的概率。本节使用$a_{r(radical)}$,$a_{b(balanced)}$ 和 $a_{c(conservative)}$ 来表示三个重叠区域的面积,其中 $a_r, a_b, a_c \geq 0$,因此对方采取不同进攻策略的概率分布可表示为

$$
\begin{cases}
p(激进) = a_r/(a_r + a_b + a_c) \\
p(平衡) = a_b/(a_r + a_b + a_c) \\
p(保守) = a_c/(a_r + a_b + a_c)
\end{cases}
\tag{3.2}
$$

后文中,它们被缩写为p^r, p^b, p^c。当 $a_r = a_b = a_c = 0$ 时,式(3.2)中将出现没有任何意义的值,但实际上,这是一个小概率事件。在这种情况下,区域将退化为线段,并附加定义:

$$
\begin{cases}
p^r = l_r/(l_r + l_b + l_c) \\
p^b = l_b/(l_r + l_b + l_c) \\
p^c = l_c/(l_r + l_b + l_c)
\end{cases}
\tag{3.3}
$$

其中,l_r、l_b 和 l_c 代表不同区域中线段的长度。由于所有机器人都具有碰撞体积,因此它们不可能位于同一点,即不存在 $l_r = l_b = l_c = 0$ 的情况。

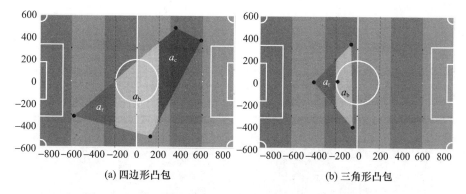

(a) 四边形凸包　　　　　　　　　　(b) 三角形凸包

图 3.4　两种不同形状的凸包(• 表示对方机器人预期位置)

3.2.2　预测对手即将采取的防守策略

防守策略分为区域、盯人以及夹击。用作推测依据的信息包括我方机器人的当前位置 $abs(r_i)$ 以及对方机器人的预期位置 $exp(o_j)$。在预测进攻策略时,关注点落在对方机器人的位置分布,而在预测防守策略时,对方机器人与我方机器人之间的相对位置关系则显得尤为重要。

1. 区域防守

当对方采取区域防守策略时,其中一台对方机器人将拦截我方的持球机器人。此外的三台机器人不会主动采取行动,而是停留在特定区域。一旦我方机器人进入该区域,它们才会主动防守。根据此特点,可以将场上的八台机器人分为三组集合,如图 3.5 所示。

(1)我方持球机器人与离球最近的对方机器人;

(2)其余的对方机器人;

(3)其余的我方机器人。

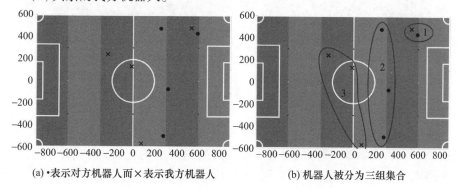

(a) •表示对方机器人而×表示我方机器人　　　(b) 机器人被分为三组集合

图 3.5　当对方采取区域防守策略时的典型分布

2. 盯人防守

当对方采取盯人防守策略时,每台对方机器人都会选择一台我方机器人作为盯防对象。根据此特点,可以将场上的八台机器人分为四组集合,如图3.6所示,每组将包含一台我方机器人以及距离它最近的对方机器人。

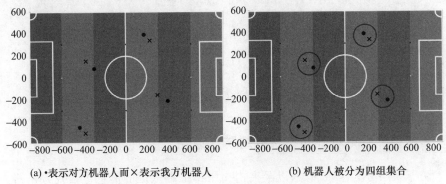

(a) ·表示对方机器人而×表示我方机器人　　　(b) 机器人被分为四组集合

图3.6　当对方采取盯人防守策略时的典型分布

3. 夹击防守

当对方采取夹击防守策略时,对方所有机器人都会围堵我方的持球机器人。根据此特点,可以将场上的八台机器人分为四组集合,如图3.7所示。

(1)我方持球机器人与所有对方机器人;

(2)其余的每台我方机器人单独成为一组集合。

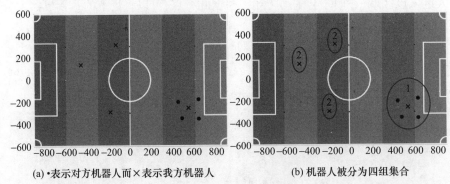

(a) ·表示对方机器人而×表示我方机器人　　　(b) 机器人被分为四组集合

图3.7　当对方采取夹击防守策略时的典型分布

戴维森堡丁指数(Davies - Bouldin index,DBI)[154]又称为分类适确性指标,是由Davies和Bouldin提出的一种评估聚类算法优劣的指标,本书引入该指数用于描述对方采取不同防守策略时的概率分布。当需要预测对方的防守策略时,首先根据以上三种可能策略的分组方式将我方机器人的当前位置$\{abs(r_i),$

$r_i \in R\}$ 与对方机器人的预期位置 $\{exp(o_j), o_j \in O\}$ 划分为不同的集合，分别计算三种情况下的 DBI 值，记录为 $\text{DBI}_{z(zone)}$，$\text{DBI}_{m(marking)}$ 以及 $\text{DBI}_{f(focus)}$。于是，对方采取不同防守策略时的概率分布可以表示为

$$\begin{cases} p(\text{区域}) = \text{DBI}_z / (\text{DBI}_z + \text{DBI}_m + \text{DBI}_f) \\ p(\text{盯入}) = \text{DBI}_m / (\text{DBI}_z + \text{DBI}_m + \text{DBI}_f) \\ p(\text{夹击}) = \text{DBI}_f / (\text{DBI}_z + \text{DBI}_m + \text{DBI}_f) \end{cases} \quad (3.4)$$

在后续内容中，它们分别简写为 p^z，p^m 和 p^f。如果某种策略的 DBI 越高，则表示机器人的位置分布越符合该策略，即对方采取该策略的可能性越大。根据表 3.1 或表 3.2，机器人 r_i 在获得有关对方策略的概率分布后，将使用 Maxiexp 作为其选择单机器人策略 $str(r_i)$ 的标准。但由于世界模型的差异性，不同机器人的策略选择也会有所不同。并且机器人并不能判断谁的策略 $str(r_i)$ 更接近 s_c，因此需要达成新的策略共识。此外，作为标准的 s_c 同样以上述方法计算，不同的是它基于绝对准确的环境信息而不是有偏差的机器人世界模型。

3.3　基于观点动力学模型融合多机器人策略

正如文献[155]中讨论的那样，个体的策略选择代表了机器人对环境的认知与决策取向，也可以认为是机器人的观点(opinion)。从数学描述上讲，观点可表示为与机器人相关的标量或者向量。而观点动力学模型已被证明具有通用性和有效性，个体间的简单互动能够催生出有趣的社交网络现象[156]。具有开创性的 French – DeGroot 模型表明，观点动力学网络可以通过对参与者的意见进行加权平均来获得共同的"一致观点"[157]，该机制能够充分地模拟"社会影响力"。起初 French 并没有证明在何种条件下可以达成这一共识，直到 1959 年，Harary[158]才给出了更加严谨的证明。

> **定理 3.1：**
>
> 　如果任意两台机器人的观点在第三台机器人获取策略共识时表现为正的权重，则对于任意的初始策略分歧，都将达成共识(最终的共识结果取决于所有机器人的初始观点)[159]。

接下来，本节将利用 French – DeGroot 模型获得一致的多机器人策略。

▶ 3.3.1　策略共识的观点动力学模型

French – DeGroot 模型描述了一组机器人 $R = \{r_1, r_2, r_3, r_4\}$ 为达成策略共识

的离散时间过程,如图 3.8 所示。首先,可以利用标量 $p_i(0 \leqslant p_i \leqslant 1)$ 表示机器人 r_i 关于对方采取某种策略的概率预测。该模型的关键参数是表示影响权重 $\boldsymbol{W}_r = (w_{ij})$ 的 4×4 随机矩阵。当给定每条边的影响权重为 $w_{ij} > 0$ 时,机器人 r_j 可以在每次迭代中影响机器人 r_i 的观点。分配给机器人 r_j 的权重越大,它对机器人 r_i 的影响就越大。接着定义机器人的观点向量 $\boldsymbol{p}(k) = (p_1(k), p_2(k), p_3(k), p_4(k))^T$,它的更新方式为

$$\boldsymbol{p}(k+1) = \boldsymbol{W}_r \boldsymbol{p}(k) \quad k = 0, 1, \cdots \tag{3.5}$$

对于单台机器人来说,更新公式等效于

$$p_i(k+1) = \sum_{j=1}^{4} w_{ij} p_j(k) \quad k = 0, 1, \cdots \tag{3.6}$$

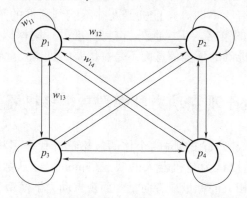

图 3.8　策略共识的 French – DeGroot 模型

在本章的研究中,机器人观点是一个三维向量,可以方便地用概率分布 $\boldsymbol{P}_i = (p_i^r, p_i^b, p_i^c)$ 或 $\boldsymbol{P}_i = (p_i^z, p_i^m, p_i^f)$ 来表示机器人 r_i 关于对方进攻或防守策略选择的预测。所以式(3.5)替换为

$$\boldsymbol{P}(k+1) = \boldsymbol{W}_r \boldsymbol{P}(k) \quad k = 0, 1, \cdots \tag{3.7}$$

其中,$\boldsymbol{P}(k) = (P_1(k), P_2(k), P_3(k), P_4(k))^T$ 表示为 4×3 的观点矩阵。因此,具有一般随机矩阵 $\boldsymbol{W}_r$ 的式(3.7)被称为策略共识的 French – DeGroot 模型。

定理 3.2:

机器人 r_i 的初始观点是满足概率分布 $\boldsymbol{P}_i(0)$ 的向量,其中 $p_i^r(0) + p_i^b(0) + p_i^c(0) = 1$ 表示为 $\mathrm{sum}(\boldsymbol{P}_i(0)) = 1$。且每次更新迭代后,新的概率分布也应当满足:

$$\mathrm{sum}(\boldsymbol{P}_i(k)) = 1 \quad k = 0, 1, \cdots \tag{3.8}$$

在 French – DeGroot 模型中，W_r 是行随机矩阵。根据 $\mathrm{sum}(\boldsymbol{P}_i(0)) = 1, i \in [1,4]$，在概率分布 $\boldsymbol{P}(0)$ 右侧添加一全零列，构造另一个 4×4 的行随机矩阵 $\hat{\boldsymbol{P}}(0)$：

$$\hat{\boldsymbol{P}}(0) = (\boldsymbol{P}(0), 0) = \begin{pmatrix} p_1^{\mathrm{r}}(0) & p_1^{\mathrm{b}}(0) & p_1^{\mathrm{c}}(0) & 0 \\ p_2^{\mathrm{r}}(0) & p_2^{\mathrm{b}}(0) & p_2^{\mathrm{c}}(0) & 0 \\ p_3^{\mathrm{r}}(0) & p_3^{\mathrm{b}}(0) & p_3^{\mathrm{c}}(0) & 0 \\ p_4^{\mathrm{r}}(0) & p_4^{\mathrm{b}}(0) & p_4^{\mathrm{c}}(0) & 0 \end{pmatrix} \tag{3.9}$$

引理 3.1：

如果 W_r 和 $\hat{\boldsymbol{P}}(0)$ 都是行随机矩阵，则 $\hat{\boldsymbol{P}}(k) = W_r^k \hat{\boldsymbol{P}}(0), k = 0, 1, \cdots$ 也是行随机矩阵。

因为 $\hat{\boldsymbol{P}}(k) = (\boldsymbol{P}(k), 0)$ 是行随机矩阵，迭代后的 $\mathrm{sum}(\boldsymbol{P}_i(k)) = 1$ 得证。根据定理 3.1，MRS 对于对方即将采取策略的概率预测终将达成共识。然后以 Maxiexp 作为决策标准，选择多机器人策略 s_{rs}。随着比赛的进行，无法保证每台机器人的车载传感器都处于最佳工作状态，所以需要对影响矩阵进行周期性的调整。

▶ 3.3.2 影响矩阵的周期性更新

本章中涉及的所有机器人都是同构的，且初始状态下均没有传感器异常，因此定义影响矩阵的初始值 $W_r(0)$ 为

$$W_r(0) = \begin{pmatrix} 0.4 & 0.2 & 0.2 & 0.2 \\ 0.2 & 0.4 & 0.2 & 0.2 \\ 0.2 & 0.2 & 0.4 & 0.2 \\ 0.2 & 0.2 & 0.2 & 0.4 \end{pmatrix} \tag{3.10}$$

其中，权值 w_{ij} 表示机器人 r_j 的观点在每次迭代中对机器人 r_i 下一次观点的影响程度。$w_{ij} > 0$ 表示机器人愿意采纳其他机器人的观点[160]，而表示自我影响的权值 $w_{ii} > w_{ij}, \forall j \neq i$ 则说明机器人更加相信自己的观点。

本章所涉及的概率分布 $\boldsymbol{P}_i$ 表现为三维向量，可以将其形象地描述为几何空间中的一个意见点（opinion point）。由于概率之和为 1，意见点在空间中可能出现的区域是如图 3.9(a) 所示的等边三角形平面。如前所述，世界模型的差异会导致单机器人观点之间的差异。如果这种差异较小且只是偶尔发生并没有规律性，就可以认为这是由传感器测量误差所引起的正态偏差，对多机器人意见几乎

没有影响（图 3.9（b）左侧）。但如果某机器人的观点每次都表现出规律性和巨大差异，则可以断定该机器人的传感器存在故障，甚至可能导致错误的多机器人策略共识（图 3.9（b）右侧）。所以需要对影响矩阵进行周期性更新。为了滤除传感器正态偏差的影响，本节以 100 次策略选择作为更新周期，并统计本周期内每台机器人策略选择的**匹配率**。由于场上的任何机器人都不能基于有偏差的世界模型来计算绝对正确的策略 s_c，此更新只能使用代表多数意见的多机器人策略 s_{rs} 作为参考，n_i 表示本周期内 $\mathrm{str}(r_i) = s_{rs}$ 的次数。这也是将其称为匹配率而非正确率的原因，其中机器人 r_i 的匹配率定义为

$$\lambda_i = n_i / 100 \quad i = 1, 2, 3 \cdots \tag{3.11}$$

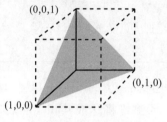

(a) 意见点在空间中的分布

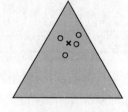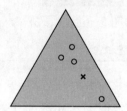

(b) 意见点在投影平面中的分布（○表示单机器人观点，×表示多机器人共识）

图 3.9　MRS 基于观点动力学模型达成策略共识的几何描述

所以，更新后的影响矩阵表示为

$$W_r(K+1) = W_r(K)\boldsymbol{\Lambda} \quad K = 0, 1 \cdots \tag{3.12}$$

其中，$\boldsymbol{\Lambda} = (\lambda_1, \lambda_2, \lambda_3, \lambda_4)^{\mathrm{T}}$。为了确保每次更新后的 $W_r(K)$ 仍满足行随机矩阵，需要根据式（3.13）对 $W_r(K)$ 中的每一行进行归一化处理。

$$w_{ij} = w_{ij} \bigg/ \sum_{j=1}^{4} w_{ij} \quad i = 1, 2, 3 \cdots \tag{3.13}$$

将此过程表示为 f_{L1}，重写影响矩阵的更新公式如下：

$$W_r(K+1) = f_{L1}(W_r(K)\boldsymbol{\Lambda}) \quad K = 0, 1 \cdots \tag{3.14}$$

定理 3.3：

　　对于更新迭代的影响矩阵 W_r，若任意两台机器人 r_i 和 r_j，均存在第三台机器人 r_k 对它们的影响 w_{ik} 和 w_{jk} 为正数，且对每次更新后的影响值进行叠加后，满足 $\min\left(\sum w_{ik}, \sum w_{jk}\right) \to \infty$。此时对于任意的初始观点都能达成策略共识[159]。

根据定理 3.3，MRS 采用更新后的影响矩阵也能够对概率预测达成共识。

如果在比赛进行中,机器人 r_j 的影响权值过低($w_{ij} < 0.1$,$\forall i$),这意味着机器人 r_j 可能出现了不可逆的传感器故障,已不再适合继续比赛。此时,替补机器人将被替换上场,其权重恢复为初始值($w_{jj} = 0.4$ 以及 $w_{ij} = 0.2$,$\forall i \neq j$)。随后还需要对新的 $W_r(K)$ 进行一次 f_{L1} 操作。

3.4　基于 BCI 概率分布形式表达人类观点

MRS 达成的策略共识将作为推荐策略提交给人类操控者。凭借其丰富的经验知识,人类可以接受多机器人推荐的策略,也可以拒绝后再重新选择他/她认为正确的策略。如果 MRS 检测到人类已经接受了推荐策略,则立即执行。相反,如果检测到来自人类的不同策略 s_h,系统将综合考虑两方策略(S_r 和 s_h)后再执行。

▶ 3.4.1　人类接受推荐策略

如果人类接受推荐策略,则他/她需要发送确认命令,该命令应该快速可靠。鉴于下颌咬合动作会导致靠近前额处的脑电 57～77Hz 频段的信号能量快速上升,本节将其引入以生成确认命令。具体实现为人类通过下颌咬合动作产生接受推荐策略的确认命令。确认命令的检测过程为,通过对 F8(国际 10/20 系统标准)通道信号进行 55～77Hz 的带通滤波,将实时信号切分成 200ms 的信号段,并计算其方差作为能量估计,以此检测下颌咬合动作引起的肌电伪迹。当信号段的能量值超过设定的阈值时,则认为检测到有效的确认命令。而该阈值是通过离线样本统计数据获得的,统计数据表明,在正常情况下(包括正常吞咽和说话),信号段的能量值都会保持在 100 以下,而当有意地咬合下颌时,其能量值可达 500 以上。因此,将能量阈值设置为 500,可以可靠地检测确认信号。经实验测试,确认命令的检测准确度在测试过程中高达 100%,充分证明了该方法的可靠性。

▶ 3.4.2　人类拒绝推荐策略

如果人类拒绝 MRS 提交的推荐策略,则他/她可以通过 BCI 重新选择自己认为正确的策略。

1. 刺激范式的设计

本章采用基于图形用户界面(graphical user interface,GUI)的多层 SSVEP－BCI 进行人类策略的重新选择。图 3.10 完整展示了每层的相关选项,这些选项以专门设计的图标形式直观地呈现,当前层的选项会显示在交互界面底部,人类操控者可以逐层选择。第一层选项为启动多机器人策略选择或控制单机器人行为,出于安全考虑还加入了即停选项。多机器人策略包括进攻和防守两类,选择哪种策略取决于当前的场上形势,假如我方机器人重新夺回球权,则采取进攻策略,人类只需要从第二层选择所倾向的进攻策略即可,而当我方机器人丧失球权后的防守策略选择也是如此。因此,当机器人主动发起策略重选时,BCI 系统可以根据场上情况直接跳转至具有特定进攻或防守策略的第二层,从而减少不必要的操作。

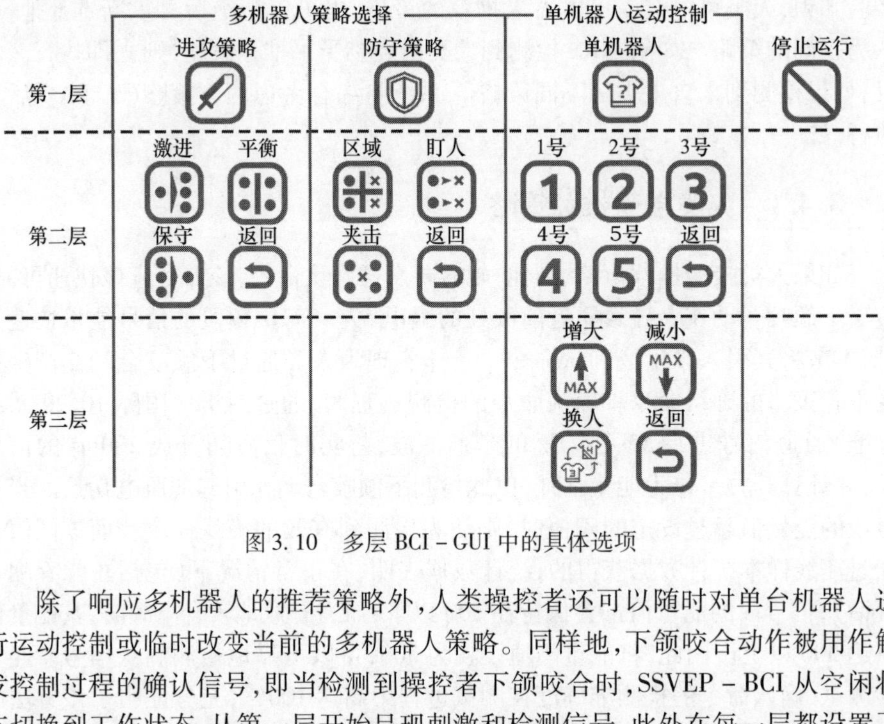

图 3.10 多层 BCI – GUI 中的具体选项

除了响应多机器人的推荐策略外,人类操控者还可以随时对单台机器人进行运动控制或临时改变当前的多机器人策略。同样地,下颌咬合动作被用作触发控制过程的确认信号,即当检测到操控者下颌咬合时,SSVEP – BCI 从空闲状态切换到工作状态,从第一层开始呈现刺激和检测信号,此外在每一层都设置了"返回"选项以更正错误操作。单机器人运动控制包括增大或减小最大运行速度,以及当某台机器人发生传感器故障或电池电量耗尽时,使用替补机器人替换该队员。

2. 脑电(electroencephalography,EEG)信号处理

为了选择特定的操作,本节采用基于 SSVEP 的 BCI 设计,在每一层中,不同的选项标识均以不同的频率闪烁。已知单层的最大选项数为六个,因此预先设定了一个长度为六的闪烁频率队列,分别是 8.18Hz、12.85Hz、9.98Hz、14.99Hz、8.97Hz 以及 11.23Hz,每一层选取前 n 个频率,其中 n 表示本层的选项数量。同时调整频率设置的顺序,以增加相邻选项之间的频率差。

典型性相关分析(canonical correlation analysis,CCA)是 SSVEP – BCI 中一种常见且可靠的信号处理算法,其原理是计算多通道脑电信号与不同刺激频率参考信号的相关系数作为 SSVEP 响应得分,最高得分所对应的选项即为检测结果。但 SSVEP 响应很可能会被人脑中存在的背景噪声所污染,因此 SSVEP 响应的幅度会表现出比较复杂的频间差异[161],这导致某些频率刺激的 SSVEP 响应可能比其他响应更容易被检测到。所以本章采用 CCA – RV(reducing variation)算法来减小不同频率 SSVEP 特征响应之间的差异。该方法首先使用传统 CCA 算法计算 EEG 信号 $\boldsymbol{X} \in \mathbb{R}^{N_c \times N_s}$(其中 N_c 为 EEG 信号通道数,N_s 为采样点数)与刺激频率 $\boldsymbol{Y} \in \mathbb{R}^{2N_h \times N_s}$ 之间的相关系数,其中刺激频率表现为方波周期信号,该信号可以分解为谐波的傅里叶级数:

$$\boldsymbol{Y}_f = \begin{bmatrix} \sin(2\pi ft) \\ \cos(2\pi ft) \\ \sin(2 \cdot 2\pi ft) \\ \cos(2 \cdot 2\pi ft) \\ \vdots \\ \sin(M \cdot 2\pi ft) \\ \cos(M \cdot 2\pi ft) \end{bmatrix}, \quad t = \frac{1}{F_s}, \frac{2}{F_s}, \cdots, \frac{N_s}{F_s} \tag{3.15}$$

式中:N_h 为谐波数;t 为当前时间点;F_s 是采样率。

CCA 计算相关系数的方法为寻找一组权重向量 $\boldsymbol{w} \in \mathbb{R}^{N_c \times 1}$ 和 $\boldsymbol{v} \in \mathbb{R}^{2N_h \times 1}$ 使得 $\boldsymbol{w}^\mathrm{T}\boldsymbol{X}$ 与 $\boldsymbol{v}^\mathrm{T}\boldsymbol{Y}_f$ 之间的相关性最大,因此,对应每个选项的 SSVEP 响应得分通过以下公式计算:

$$score_i = \rho(\boldsymbol{X}, \boldsymbol{Y}_{f_i}) = \max_{\boldsymbol{w}, \boldsymbol{v}} \frac{E[\boldsymbol{w}^\mathrm{T}\boldsymbol{X}\boldsymbol{Y}_{f_i}^\mathrm{T}\boldsymbol{v}]}{\sqrt{E[\boldsymbol{w}^\mathrm{T}\boldsymbol{X}\boldsymbol{X}^\mathrm{T}\boldsymbol{w}]\,E[\boldsymbol{v}^\mathrm{T}\boldsymbol{Y}_{f_i}\boldsymbol{Y}_{f_i}^\mathrm{T}\boldsymbol{v}]}} \tag{3.16}$$

式中:ρ 为相关系数;f 为刺激频率;i 为刺激频率的序号。

之后,为了减小频间差异,利用离线训练数据计算出不同时间点每个频率的平均非目标 SSVEP 特征响应得分 $score_i^{NT}(t)$,在线检测时,SSVEP 响应得分通过以下公式得到:

$$score_i(t) = \frac{score_i(t) - score_i^{NT}(t)}{score_i(t) + score_i^{NT}(t)} \tag{3.17}$$

对于 SSVEP – BCI 来说,刺激时间的增加通常可以得到较高的准确性,但同时也会减慢信息传输速度。此外,由于不同被试之间的个体差异,统一的刺激持续时长可能导致较低的选择准确度或冗余的选择时间。因此,在在线过程中通常采用动态优化方法来确定是否根据当前的响应输出选择结果。由于 SSVEP

目标特征响应得分随着刺激的持续而增大,而非目标得分则稳定在较低的水平,因此可以设定一个响应得分阈值,当 SSVEP 响应得分达到该阈值时则认为当前检测结果足够可信,BCI 停止刺激并进行下一步操作。

阈值设定方法为,使用离线校准数据为每位被试绘制在不同阈值设置情况下的信息传输率(information transfer rate,ITR)曲线,其中得到最大 ITR 的阈值设置为最佳阈值。在在线过程中,为了避免在线检测过程中长时间未达到最佳阈值而导致交互效率降低与被试视觉疲劳,将最长的刺激时间限制为 3s。也就是说,如果未检测到接受推荐策略的确认信号(下颌咬合信号),并且在 3s 内没有任何选项所对应的 SSVEP 响应分数达到阈值,则 BCI 输出当前响应结果并结束该层选择。对于策略重选操作,MRS 不会直接执行 BCI 指令,而是综合考虑 SSVEP 响应结果和每台机器人选择的策略后再做出最终决定,从而削弱了可能的 BCI 检测错误所导致的不利影响。

3. EEG 数据采集

本章使用德国 BrainProducts 公司生产的 64 通道主动电极采集 EEG 信号。电极位置参考国际 10/20 系统的扩展标准配置,放置在 O_z、O_1、O_2、PO_z、PO_7 以及 PO_8,参考电极和接地电极分别为 TP10 与 Fpz。在信号采集之前,确认所有电极的阻抗保持在 $10\text{k}\Omega$ 以下。EEG 信号通过 BrainAmp DC 放大器放大,以 200Hz 进行采样,并使用 50Hz 陷波滤波器和 $4\sim35\text{Hz}$ 带通滤波器进行滤波。

▶ 3.4.3　人类参与的重决策

通过 BCI 记录的结果并不像键盘、鼠标那样是唯一且确定的选择,而是在每个选项上都或多或少存在信号强度,表示为 $\boldsymbol{B}_h$。下面以我方进攻策略为例 $\boldsymbol{B}_h = (b_h^r, b_h^b, b_h^c)$,其中 b_h^r 表示人类对激进策略(radical)的倾向程度,来自对 SSVEP 响应得分的归一化操作。$\max(b_h^r, b_h^b, b_h^c)$ 所对应的策略即可定义为人类策略 s_h,参考 3.1 节,当人类决策时使用的标准是 Maximax 时,可以得到以下等式:

$$\boldsymbol{P}_h = (p_h^z, p_h^m, p_h^f) = (b_h^c, b_h^b, b_h^r) = \boldsymbol{B}_h^H \tag{3.18}$$

式中:$\boldsymbol{P}_h$ 为人类对对方防守策略选择的预测;$\boldsymbol{B}_h^H$ 为对矩阵 $\boldsymbol{B}_h$ 的水平翻转操作。尽管有经验加持,但是人类也不能每次都做出正确的判断。主要原因有两个:一是自身对对方策略的错误推断,二是 BCI 可能存在的检测错误。因此,当机器人从人类那里接收到不同的策略意见时,它们并不会一味地遵从,而是将其作为一个新节点加入到策略共识的 French – DeGroot 模型中以重新获得一致策略。带有人类节点 h 的 French – DeGroot 模型如图 3.11 所示。

由于添加了一个新的人类节点,观点矩阵 $\boldsymbol{P} = (P_1, P_2, P_3, P_4, P_h)^T$ 和影响矩阵 $\boldsymbol{W}_h$ 都扩展为 5×5 的矩阵:

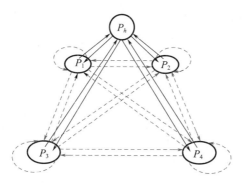

图 3.11　加入人类节点 h 的 French - DeGroot 模型

$$W_h = \begin{pmatrix} \overline{W}_r & (w_{i5})^{4 \times 1} \\ (w_{5j})^{1 \times 4} & w_{55} \end{pmatrix} \quad i,j = 1,2,3,4 \tag{3.19}$$

为了确保 W_h 仍是行随机矩阵，$\overline{W}_r$ 实际是 W_r 的比例变换，因此式 (3.19) 中的 $\overline{W}_r$ 与式 (3.5) 中的 W_r 具有以下关系：

$$\overline{W}_r = (1 - w_{15}) W_r \tag{3.20}$$

初始时刻，设 $w_{i5}(0) = 0.5, i = 1,2,\cdots,5$ 表示人的策略观点在影响权重中占据更加重要的地位。当然，并不是每个人都具备相同的经验积累和优异的脑电信号，不同的被试也有不同的表现。因此同样需要经历 3.3 节中更新 $W_h(K)$ 的过程，其中 $\boldsymbol{\Lambda} = (\lambda_1, \lambda_2, \lambda_3, \lambda_4, \lambda_h)^{\mathrm{T}}$ 且 λ_h 代表人类策略的匹配率。不同之处在于，用作参考策略的不再是多机器人策略 s_{rs}，而是人 - 多机器人策略 s_{hr}。

3.5　实验验证与结果分析

　　实验过程包括用于 BCI 校准的离线训练以及评估本章所提方法性能表现的在线实验。且在线实验中，人类操控者可以基于 BCI 技术参与多机器人策略选择，也可以实现单机器人的运动控制。

▶ 3.5.1　半实物仿真系统框架

　　本章实验依托一套专门设计的半实物仿真系统①进行。该系统包括：基于 QT 设计的图形用户界面用于实现 BCI 控制与赛场信息反馈，如图 3.12(a) 所示；人类被试与脑电采集设备 (Brain Products GmbH, Germany)，如图 3.12(b) 所

---

① 该半实物仿真系统已在 Github 开源：https://github.com/nubot - nudt/BCI_Multi_Robot。

示;基于 Gazebo 的多机器人仿真环境[75],如图 3.12(c)所示。通过机器人操作系统(robot operating system,ROS)框架可以高效便捷地搭建本章所需的仿真环境。由于脑电采集设备只能在 Windows 系统中驱动,本实验的 EEG 信号将在 Windows 系统中采集和处理,随后通过 UDP/IP 套接字的形式发送到 Ubuntu 系统运行的客户端程序中。客户端程序根据预先建立的规则对数据进行处理并对识别结果进行编码,然后通过 ROS 主题的形式将结果(人类观点)发送到每台机器人的控制节点。该分布式 MRS 中,环境中的每台机器人都是一个独立的节点,并且这些节点之间依旧通过 ROS 主题进行通信。半实物仿真系统的 ROS 节点图如图 3.13 所示。

(a) 基于QT的客户端程序

(b) 被试与脑电采集设备

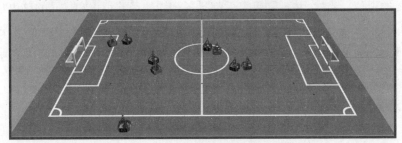

(c) 基于gazebo的多机器人仿真环境

图 3.12　适用与人 – 多机器人共享控制的半实物仿真系统

真正的机器人足球比赛是一个高度动态的对抗过程,每台机器人都可以以最快 5m/s 的速度高速移动,使得场上局势瞬息万变。机器人的自主决策是非常快速的,可以满足实际比赛的需求,但当前的 BCI 技术却难以实现这样的实时性。因此,在随后的实验中存在假设:

> **假设:**
>
> 　当人类通过 BCI 参与策略选择时,场上机器人将处于短暂的静止状态,即认为人类选择策略期间场上形势不会出现巨大变化。

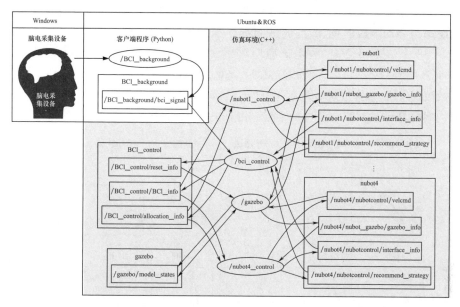

图 3.13　半实物仿真系统的 ROS 节点图(仅列出其中两台机器人的节点信息,
其余机器人节点相似)

并且为了加快实验数据的采集,仿真实验并未模拟整个比赛过程,只是不断产生新的场景并重复策略选择阶段。

3.5.2　被试的 SSVEP – BCI 表现

为了评估 BCI 本身的检测效率对系统的影响,本章首先分析不同被试的 BCI 表现。在此之前,还需要利用离线校准实验来确定 EEG 信号处理中所使用的动态优化算法的参数。共有 6 名健康的被试(1 名女性和 5 名男性,年龄 23 ～ 33 岁,平均年龄 26 岁)参加了该实验,其中两人曾有过 SSVEP – BCI 的实验经历,而其他人则没有。每名被试将参与 5 组训练,每组包含 12 次选择任务,对于每个任务,系统会随机提示要选择的选项,并指示参与者凝视该选项,直到闪烁停止。闪烁会持续 5s,并在连续的任务之间提供 3s 的休息时间。

图 3.14 显示了使用动态优化算法时每名被试的 SSVEP 阈值,分别为 0.24、0.20、0.28、0.18、0.22 和 0.24,并且每名被试的 ITR 曲线都反映出某些个体差异。其中灰色实线表示随时间变化的 SSVEP 响应分数,虚线表示不同频率之间得分的标准差。黑色实线代表对应不同得分阈值的 ITR,而横坐标上的标记则代表了动态优化算法的最佳阈值。在实验过程中,可以注意到 3 号被试的响应速度和准确性较其他被试差,导致 ITR 较低。确定参数后,针对所有被试进行了

5次在线实验以观察SSVEP – BCI的表现。实验记录了利用BCI进行选择时的**准确率**与**平均响应时间**,6名被试的选择准确率分别为93.3%、100%、83.3%、95%、88.3%和93.3%,平均响应时间为2.05(±0.539)s,1.91(±0.503)s,2.84(±0.314)s,2.11(±0.580)s,2.44(±0.539)s以及1.99(±0.549)s。对于大多数被试来说,选择准确率均超过90%,所有被试的平均准确率也达到了92.2%,平均响应时间为2.22s,表明BCI能够相对快速、准确地传达用户的策略观点。

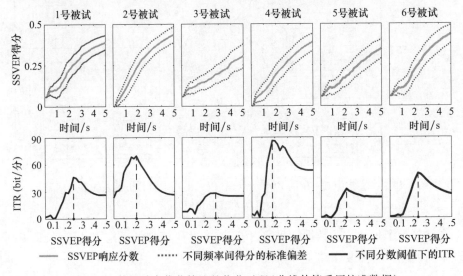

图3.14 使用动态优化算法的优化过程(曲线估算采用校准数据)

3.5.3 半实物仿真实验评估算法表现

当前场上存在4台有效的我方机器人与4台对方机器人。假设所有机器人的车载传感器均存在定位误差,且满足均值为1(m)、方差为1.5(m)的正态分布。参与实验的所有被试都对足球机器人比赛有一定的了解。对于每名被试,分别进行了500次独立实验,每次实验都随机生成一种场上局势,该被试需要快速地做出回应——接受推荐策略或利用BCI重新选择自己倾向的策略。实验通过记录不同策略选择的正确率来评估算法表现,虽然前期较少的实验数据表现出很强的随机性,但500次独立实验的最终统计结果能够一定程度反映不同算法的实际性能。

1. 人 – 多机器人策略的优势

为了说明人 – 多机器人策略的优势,实验记录了不同策略(多机器人策略s_{rs},人类策略s_h以及人 – 多机器人策略s_{hr})的**正确率**表现,并呈现在图3.15中。

实验结果表明,人类操控者的参与会对多机器人控制产生积极的影响,这使得s_{hr}的正确率大大高于机器人独立决策时的s_{rs}。同时还发现,人类策略的正确率在不同被试之间显示出明显的个体差异。众所周知,被试的正确率可能与诸多因素有关,包括对任务的熟悉程度、经验的积累、快速判断当前局势的能力、当前的注意力水平以及 BCI 检测的准确率。3.5.2 节中已经完成了对所有被试的 SS-VEP – BCI 表现的测试,结果表明 BCI 检测的准确率普遍很高。因此,可以认为人类的表现主要受其自身状态的影响。传统控制方法对操控者的专业水平和专注度都有着很高的要求。但在本章所提出的共享控制方法中,尽管s_h的正确率良莠不齐,但都会对s_{hr}产生正面影响,表明该方法:

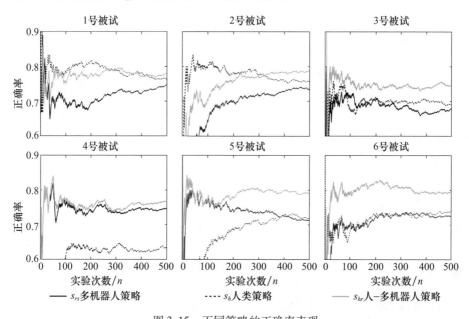

图 3.15 不同策略的正确率表现

• 有利于提高系统的稳定性,即人 – 多机器人策略的正确率受人类不良表现的影响较小;

• 降低了对操控者的专业要求,即使对足球机器人比赛经验不足的人也可以无障碍地使用此系统;

• 减轻操控者的精神负担,不需要长时间保持高度专注,以避免因疲劳而导致的判断偏差。

如果在实验进行过程中根据机器人与被试的表现,按照式(3.14)所示的方式周期性地更新影响矩阵,便可以获得更完整的对比结果,如图 3.16 所示。由于误差较大的机器人在后续实验中的影响权重减小,其策略选择对多机器人策略的影响也会随之减小,伴随权重更新的多机器人策略的正确率得以提高。但被试的表现受诸多方面(例如情绪或环境)的影响,难以稳定和量化,所以权重更新对人 – 多机器人策略的正确率影响很小。此外,在这些实验中用作更新基础的参考策略是多机器人策略s_{rs}以及人 – 多机器人策略s_{hr},并非绝对正确的策略s_c(详情参见3.3.2节),这也会严重影响权重更新后的表现。后续的对比实验中均将采用周期性更新影响矩阵的观点动力学模型。

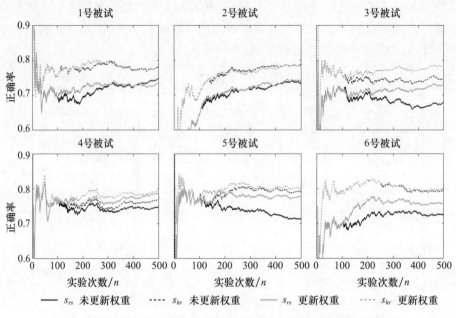

图3.16   不同策略的正确率表现(包括周期性更新影响矩阵的结果)

2. 观点动力学模型的优势

如果实验没有基于观点动力学模型获得相应的策略共识,而是采用人机交互[162-163]中常见的策略混合(policy – blending)模型,实验结果会表现出显著的差异。在策略混合模型中,机器人策略S_r与人类策略s_h通过仲裁函数α实现融合,从而获得多机器人策略s_{rs}和人 – 多机器人策略s_{hr}。

$$\begin{cases} P = \alpha_1 P_1 + \cdots + \alpha_4 P_4 + \alpha_h P_h \\ \alpha_1 + \cdots + \alpha_4 + \alpha_h = 1 \end{cases} \tag{3.21}$$

式(3.21)是一种典型的策略混合模型,该模型的最终表现严重依赖仲裁函数α的设计,并且对概率分布P的初值相当敏感。与观点动力学模型一样,在获得唯一的概率分布后,可以根据决策论选择相应的一致策略。基于以上两种模型,分别对这6名被试进行了500次独立实验。由于没有任何机器人与被试的先验知识,设 $\alpha_1 = \cdots = \alpha_4 = \alpha_h$,实验结果如图 3.17 所示。

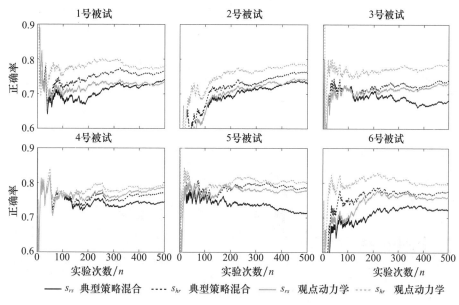

图 3.17　基于不同模型所获策略共识的正确率表现

根据统计结果可以看出,无论是多机器人策略 s_{rs} 还是人 - 多机器人策略 s_{hr},基于观点动力学模型的正确率均略高于典型的策略混合模型。究其原因,本章认为观点动力学模型可以看作是多次谈判的结果,而典型策略混合模型为一次仲裁。因此,后者的融合结果对 P 的初值以及系数 α 的设定非常敏感。对于无法保证任何节点正确率的本场景来说,典型策略混合模型显然不适用,而观点动力学模型多次迭代比较耗时的缺点在长间隔的策略级应用中并无大碍。

3. 通过 BCI 以概率分布形式表达人类观点的优势

在近年来的大多数人机交互研究中,人类命令通过常见的输入设备(例如鼠标、键盘、语音或手势[126,164])传递给机器人控制系统。也有部分研究使用基于 SSVEP - BCI 的方法[101,165 - 166],但在这些研究中,BCI 的应用形式也与传统输入设备类似,即利用最大 SSVEP 特征响应值所对应的选项表示人类的选择结果。所以 BCI 的结果也是单一且确定的值,与传统的输入设备没有本质区别,都以单一结果形式表达人类观点。与这些方法相比,本方法的不同之处在于,人类观点通过 BCI 以概率形式参与了最终策略的选择。本章认为,概率分布的表达形式可以反映人类对不同策略的倾向性,从而削弱人类错误决策的影响。为了验证这一想法,通过实验比较基于传统输入形式、BCI 传统输入形式以及 BCI 概率分布形式的正确率表现。为了控制变量,都以观点动力学模型作为策略融合方式,实验结果如图3.18所示。

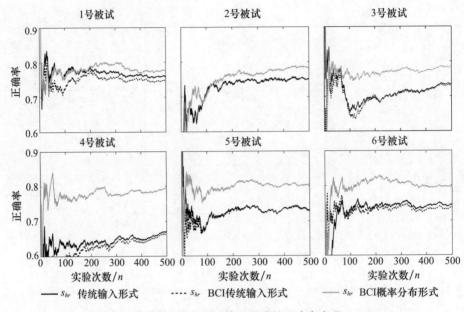

图3.18 基于不同输入形式的正确率表现

(1)传统输入形式:$P_t \in \{(1,0,0),(0,1,0),(0,0,1)\}$,值1所在的位置表示人类选择哪种策略,值得注意的是,本实验忽略了传统输入形式的误操作,比如按错键等;

(2)BCI传统输入形式:$\overline{P}_t \in \{(1,0,0),(0,1,0),(0,0,1)\}$,值1所在的位置表示人类通过BCI选择了哪种策略,即对应SSVEP特征响应值最大的选项;

(3)BCI概率分布形式:P_h的定义请参考式(3.18)。

从图3.18中可以看出,基于BCI概率分布形式的正确率表现明显优于传统输入形式和传统BCI形式。这两种传统方法的局限性在于它们只能表达绝对的策略选择,缺失或放弃了人类对于其他策略的倾向信息。因此,共享控制的效果极易受到人类行为的影响,一旦s_h的正确率较低,人-多机器人策略的正确率也将受到影响。相反,基于概率分布的表达形式不仅反映了人类的选择,而且还包含了与其他策略相关的更多信息。通过观点动力学模型进行策略融合后,可以降低人类错误决策所带来的后果,从而获得更加稳定的表现。此外,从图3.18中还可以看出,对于每名被试,传统输入形式与BCI传统输入形式之间的结果差异都很小。这是因为BCI的检测精度较高,使得两种输入形式之间并无本质区别,这也印证了3.5.2节的实验结果。

3.6 小　　结

本章提出了一种基于观点动力学模型与 BCI 技术的人 - 多机器人共享控制方法,并针对 RoboCup 中型组比赛场景,开发了基于 ROS 和 Gazebo 的半实物仿真系统。大量的实验结果表明,与单纯依靠机器人或人类完成控制相比,人 - 多机器人的共享控制方案可以显著提高策略选择的正确率。同时还通过实验验证了观点动力学模型与 BCI 概率分布形式的观点表达相较于传统方法的优越性。与目前主流的研究相比,本章工作具有以下优点:

(1)以 BCI 技术作为人类观点的输入形式,可以更直观地表现出人类选择时的倾向性与不确定性。

(2)基于差异化世界模型开展研究,符合分布式 MRS 的实际运行情况。

(3)绝大多数的人机交互应用中,控制对象都是半自主的,即没有人类参与就无法独立完成任务。本章中的机器人具备独立的决策能力,可以全自主运行。

(4)在常见的 BCI 应用中,控制对象往往是单智能体(如机械臂或轮椅),而本章工作将其扩展到了多个对象。

(5)在大多数共享控制应用中,一旦人类介入,控制对象便会完全遵从人类指令。但本章工作中的人 - 多机器人策略是双方共同商定的结果,可以充分发挥人与机器人在策略选择上的各自优势。

从本章中的所有实验结果可以发现,基于观点动力学的人 - 多机器人共享控制方法可以有效利用 BCI 的概率分布形式表达人类观点,从而提高人 - 多机器人策略的选择正确率。但另外,BCI 技术的引入同时也带来了限制与挑战。在接下来的章节中,本文的研究将由策略级的离散控制转变为动作级的连续控制,同样采用 BCI 作为人类意图的输入形式,实现对 HMRS 的共享控制。

第4章 基于意图场的人－多机器人系统共享控制框架①

在第3章基于观点动力学的人－多机器人系统(human－multirobot system, HMRS)共享控制研究中,利用 BCI 的概率分布形式表达人类观点,充分体现操控者意图。人类可以随时在策略级上参与多机器人控制,灵活应变的同时也不会给共享控制中的操控者造成过大的身体负担。并且所有研究都基于差异化的世界模型开展,符合分布式 MRS 的实际运行情况。依托观点动力学模型可以充分融合人类操控者与 MRS 的策略选择结果,克服两者固有缺陷的同时也发挥它们的优势。但受限于 BCI 的检测效率,机器人系统在接收人类控制信号时存在较长时间的等待,这在实时性要求较高的动态环境中是不能接受的。并且在观点动力学模型中,人类以间接离散的策略级控制介入 MRS,并不能立即干预每台机器人的当前行为,减轻人类负担的同时也损失了控制效率。最后的半实物仿真系统中,脑机范式与环境信息的实时反馈相互独立,导致人类操控者在选择时注意力分散,不利于对当前形势的把握。

针对以上问题,本章重点关注**强合作框架**下的人－多机器人共享控制研究,并以 MRS 协同执行抢险救灾任务[167]为应用背景。以图 4.1 所示的森林火灾现场为例,其地形复杂、坡陡谷深,交通和通信都非常不便,仅依靠人类消防员实施扑救会对消防员的生命构成巨大威胁,而 MRS 的应用可以一定程度地消除此类风险。当 MRS 进入火场后,机器人会利用车载传感器探索未知环境,寻找和选择亟待扑灭的起火点。但由于火灾环境的复杂性,MRS 很难独立地做出最佳判断,于是伴随着人类意图的共享控制方法便应运而生,依靠操控者的经验知识来改善多机器人协同作业的表现。本章同样以 BCI 作为人类意图的输入形式,提出了一种适用于 HMRS 协作的分层共享控制框架。上层使用意图场(intention field)模型构建人与机器人的共同意图,下层使用策略混合(policy－blending)模型融合多种速度分量,使 MRS 能够保持编队的同时规

---

① 该研究成果的英文版已发表在"Dai W,Liu Y,Lu H,et al. Shared Control Based on a Brain－Computer Ineerface for Human－Multirobot Cooperation[J]. IEEE Robotics and Automation Letters,2021,6(3):6123－6130."

避障碍物,并顺利抵达目标区域。此外,本章还设计并完成了半实物仿真实验与实物实验,充分验证该共享控制框架的有效性和可操作性。最终结果表明,本章所提出的人 – 多机器人共享控制框架可以有效避免单一控制源(人或机器人)的固有缺陷,使整个团队可以高效、安全且灵活地完成所有灭火任务。

图 4.1　3·30 凉山州木里县森林火灾造成重大人员伤亡

4.1　基于共享控制协同完成抢险救灾任务的问题描述

参与执行任务的每台机器人都可以使用车载传感器实现对现场环境的局部感知,并利用它们之间预先建立的通信网络交换部分信息以更新自身所维护的世界模型信息。机器人队伍根据当前的世界模型信息合理地选择待执行的灭火任务,维持编队行进的同时规避环境中的固定障碍物,从而高效且安全地扑灭火情。同时人类操控者还可以随时根据高空飞行器的图像回传,判断当前的火势情况,选择性地干预机器人的行为决策,使机器人在执行灭火任务时更加灵活。综上所述,针对森林火灾环境的抢险救灾任务,本章设定如下三种 MRS 的控制目标。

1. 高效

火灾环境中通常存在多个不连通的着火区域(后续称为起火点),机器人团队需要合理地选择起火点以实现灭火任务的高效执行。

假设：

在不考虑环境风、燃烧材料以及其他因素的影响下，本章假设火势蔓延的速度与火势的当前大小成正比[168]，即当前火势越大，蔓延速度就越快。

因此，所有机器人应当优先扑灭火势最严重的起火点，以免进一步扩散。同时，单台机器人能够携带的灭火耗材是有限的，为了保证起火点的成功扑灭，参与任务的所有机器人必须以编队形式协同行动。

2. 安全

MRS 应当在执行过程中避免任何可能的机器人损失。首先，单台机器人不能长时间或长距离地脱离编队以避免失联；其次，MRS 还需要在运动过程中适当地调整编队构型以规避环境障碍物。

3. 灵活

火灾环境复杂多变，导致机器人可能获取到并不准确的信息，从而无法保证决策的合理性。基于共享控制框架，人类操控者需要适时地介入机器人的行为决策，凭借自己在经验与视野上的优势弥补机器人独立控制时的不足。

4.1.1 分层共享控制框架

为了实现上述三种控制目标，本章将重点关注以下控制分量（所有控制分量均表现为机器人为实现对应控制目标所需的期望速度，所以在后续内容中均称为速度分量）。

(1) 机器人意图 v_r 表示机器人基于当前观测到的火场环境做出的下一个行为决策（以高效为控制目标）；

(2) 编队控制 v_f 使 MRS 保持现有编队，避免单台机器人长时间或者长距离的脱离而造成损失（以高效和安全为控制目标）；

(3) 障碍物规避 v_o 确保机器人在运动过程中可以安全地绕过环境中的障碍物（以安全为控制目标）；

(4) 人类意图 v_h 通过 BCI 技术实现表达，从而引导 MRS 改变当前的行为决策（以灵活为控制目标）。

前 3 条中提出的速度分量是由每台机器人通过车载控制器独立完成计算的，而第 4 条则是来自人类操控者的远程控制信号。图 4.2 中详细展示了人-多机器人共享控制的分层结构。其中，人类操控者与机器人系统是两个相互独立的控制单元，决策依据和关注点均不相同，最终依托共享控制框架共同作用于 MRS：上层①基于意图场模型综合人类意图与机器人意图。下层②是典型的策略混合模型，其节点即为上述不同的速度分量。

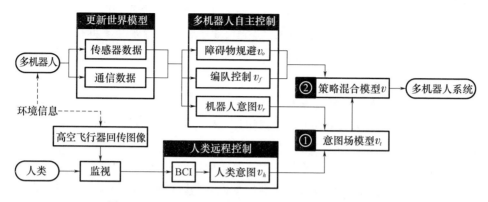

图 4.2　适用于人 – 多机器人系统的分层共享控制框架

4.1.2　差异化世界模型

同第 3 章一样,本章同样考虑差异化的世界模型。环境中存在多个起火点 $T = \{t_1, \cdots, t_j, \cdots, t_M\}$ 和障碍物 $O = \{o_1, \cdots, o_k, \cdots\}$,其中 M 是机器人当前观测到的起火点数量,而障碍物数量不做统计。参与灭火任务的机器人记为 $R = \{r_1, \cdots, r_i, \cdots, r_N\}$,其中 N 表示机器人数量。无论是机器人还是人类,当前的环境信息都是所有计算与决策的数据基础。所获取环境信息的差异将不可避免地转化为行为决策的差异。不幸的是,在复杂的火灾现场很难保证环境信息的统一,通常将包含环境信息和机器人状态信息的数据集统称为世界模型。其中环境信息来自传感器数据,机器人状态信息中除自身信息外均来自通信数据。如图 4.3 所示,其中①表示机器人发布的共享信息,②表示它订阅的共享信息,③是机器人自身维护的本地信息,而④则表示通过 BCI 表达的人类意图。

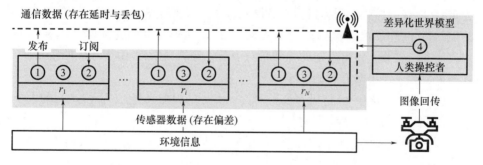

图 4.3　机器人与人类操控者之间差异化的世界模型

1. 机器人之间的差异

如图 4.3 所示,机器人用于更新其世界模型的信息,包括传感器数据和通信数据。传感器数据的差异主要反映在传感器中存在的测量误差以及由每台机器人所处位置不同所引起的观测偏差。其中,最显著的差异来自不同机器人对同一起火点的观测值,由于其较低的可靠性,将不包含在用于通信的共享信息中,而成为每台机器人独立更新的本地信息③。

2. 机器人与人类之间的差异

与机器人不同,人类获取世界模型的方式并不是基于对火灾环境的直接观察,而是基于高空飞行器(如旋翼无人机等)的图像回传。这种获取方法使人类拥有了更广阔的视野,有助于掌握整体情况实现统筹规划。但是该视角同样会被树木和浓烟等环境因素所遮挡,无法准确掌握某些区域的实际情况。如图 4.3 所示,操控者也可以通过无线网络与机器人建立远程通信,但由于通信距离较长以及可能存在的信号干扰,并不能保证其意图能够快速准确地传达到每台机器人。

4.2 多机器人系统本地自主控制

作为灭火任务的直接参与者,机器人可以依托其强大的数据采集、处理与分析能力来完成绝大多数的决策与控制,包括起火点选择、编队控制以及障碍物规避。本地控制器将传感器采集到的环境信息与机器人之间的通信信息作为输入,输出则是引导机器人行为的速度分量。这些分量的计算过程是相互独立的,并通过共享控制框架共同作用于 MRS。

4.2.1 起火点选择(机器人意图)

扑灭火灾是机器人最主要的任务,因此合理地选择下一个起火点就显得尤为重要,而该选择就表现为机器人意图 $v_r(r_i)$。如前所述,为了实现高效与安全的控制目标,MRS 必须保持强合作关系,即以团队形式共同完成同一起火点的灭火任务。机器人做出决定的基础是对当前火势的判断,但由于环境的复杂性,观测火势会表现出两方面的差异:

(1)实际火势 $f_a(t_j)$ 与机器人 r_i 对起火点 t_j 的观测火势 $f_o(r_i, t_j)$ 之间的大小差异,其中 $i \in [1, N], j \in [1, M]$;

(2)不同机器人对同一起火点 t^* 的观测火势 $f_o(r_i, t^*)$ 之间存在的大小差异,其中 $i \in [1, N]$。

这两方面的差异最终可能导致团队中的不同机器人选择不同起火点作为下一个目标。图 4.4 形象地描绘了环境是如何影响火势观测值 $f_o(r_i, t_j)$ 的。另外,本章为了简化火势观测值的计算,假设障碍物与起火区域都呈现为圆形。并且忽略其他复杂因素（相机性能、起火区域的边缘界定等）的影响，被障碍物遮挡的部分必不能被观测到，反之无遮挡的部分则必能观测到。

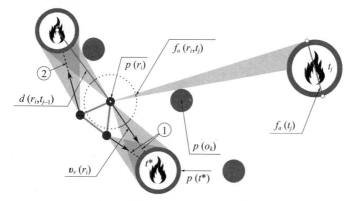

图 4.4 环境对机器人进行火势观测的影响

根据简化后的观测模型，本章以机器人 r_i 对起火点 t_j 的可视角度作为观测火势 $f_o(r_i, t_j)$ 的量化值。如图 4.4 所示，决定火势观测值的三个主要因素如下：

（1）表示起火点实际火势的 $f_a(t_j)$；

（2）表示机器人当前位置与起火点距离的 $d(r_i, t_j)$；

（3）表示对机器人观测火势存在遮挡的障碍物位置 $p(o_k)$。

定义 $t(r_i)$ 表示机器人 r_i 选择的起火点，通过下式得到：

$$t(r_i) = t^* = \arg\max_{t_j} f_o(r_i, t_j), \quad j \in [1, M] \tag{4.1}$$

机器人意图 $\boldsymbol{v}_r(r_i) \in \mathbb{R}^2$ 指向当前所选的目标点 $t(r_i)$，记为

$$\begin{cases} \boldsymbol{e} < v_r(r_i) > = \boldsymbol{e} < p(t(r_i)) - p(r_i) > \\ |\boldsymbol{v}_r(r_i)| = f_o(r_i, t(r_i)) d(r_i, t(r_i)) \end{cases} \tag{4.2}$$

其中，$\boldsymbol{e} < \theta >$ 表示 θ 的方向向量。起火点的选择过程会在任务执行期间重复进行，位置的更新也会导致机器人意图的变化。

某时刻，由于机器人所处位置的不同，$t(r_i)$ 也有可能不同。如图 4.4 中的标记①所示，两台机器人选择 t^* 作为下一个待执行灭火任务的起火点，而另一台机器人却有不一样的选择（标记②所示）。机器人无法判断谁的观测值更接近实际情况，因此均会遵循自己的计算结果，如果没有其他约束，则机器人团队将会分散开，从而导致编队破裂。

4.2.2 编队控制

由于个别机器人表现出不同的意图，可能导致该机器人与团队分开过长时间或过远距离，甚至脱离编队而失联，最终影响灭火任务的执行效率。针对该问

题,本章采用基于距离的编队控制方法维持 MRS 的编队行进。

本章所采用的 MRS 由 $\mathcal{G}(\mathcal{V},\mathcal{E})$ 描述,其中集合 $\mathcal{V}$ 中的节点表示参与任务的机器人,而集合 $\mathcal{E}$ 中的边代表节点间存在的通信链接。节点 r_i 和 r_j 之间的边表示为 (r_i,r_j),$p(r_i)$ 是机器人 r_i 的当前位置,而 $d(r_i,r_j)$ 则是机器人 r_i 和 r_j 之间的距离。如图 4.5 所示,机器人 r_i 用于维持编队控制的速度分量为

$$\boldsymbol{v}_f(r_i) = \sum_{r_j \in \mathcal{N}_{r_i}} \frac{p(r_j) - p(r_i)}{|p(r_j) - p(r_i)|}[d(r_i,r_j) - (p(r_j) - p(r_i))] \quad (4.3)$$

其中 $\boldsymbol{v}_f(r_i) \in \mathbb{R}^2$。本章仅考虑无向图,所以 $(r_i,r_j) \in \mathcal{E}$ 等同于 $(r_j,r_i) \in \mathcal{E}$ 并且 $d(r_i,r_j) = d(r_j,r_i)$。节点 r_i 的邻居集定义为 $\mathcal{N}_{r_i} = \{r_j \in \mathcal{V} | (r_i,r_j) \in \mathcal{E}\}$。此外,$\overline{\mathcal{N}_{r_i}}$ 表示不与 r_i 相邻但与任意其他机器人存在通信链接的机器人集合。

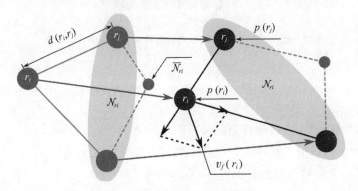

图 4.5　基于距离的编队控制

一开始,每台机器人都会遵从自己的意图并朝着选择的起火点前进。尽管如此,由于编队控制的存在,没有优势(表现为机器人意图 $\boldsymbol{v}_r(r_i)$ 的值比较小)的单台机器人会被意图更强烈的机器人牵引到其他起火点,被迫运动的过程中该机器人会逐渐妥协(表现为起火点的重新选择),使得整个 MRS 的选择趋于一致。此外,环境中还存在许多固定障碍物(如岩石、树木等)。一些障碍物之间的距离可能不足以一次性通过整个机器人编队,如果不进行任何队形调整,机器人将与障碍物发生碰撞。

▶ 4.2.3　障碍物规避

为了避免机器人与障碍物之间发生碰撞,减少不必要的损失,MRS 需要在遇到障碍物时临时调整编队,并在所有机器人安全通过障碍物后迅速地恢复编队。如图 4.6 所示,$\boldsymbol{v}(r_i)$ 表示机器人 r_i 的当前速度,$s(o_j)$ 表示障碍物 o_j 的大小(体现为半径值),而 $d(r_i,o_j)$ 则表示 r_i 与障碍物 o_j 之间的距离。其中 $\boldsymbol{v}(r_i)$ 与 r_i

到 o_j 连线之间的夹角表示为 α，由于速度 $\boldsymbol{v}(r_i)$ 的延长线穿过了障碍物区域，如果机器人 r_i 的移动方向没有及时调整，将不可避免地撞上障碍物 o_j。因此，本章定义了引导机器人进行队形变化的速度分量 $\boldsymbol{v}_o(r_i) \in \mathbb{R}^2$，它的模由下式计算：

$$|\boldsymbol{v}_o(r_i)| = \Psi(\alpha, s(o_j)/d(r_i, o_j)) \Phi(d(r_i, o_j) - s(o_j)) \tag{4.4}$$

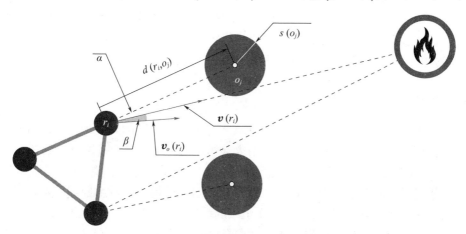

图 4.6 速度向量 $\boldsymbol{v}_o(r_i)$ 引导机器人 r_i 逐渐偏离障碍物 o_j

当前方存在可能发生碰撞的障碍物时，$\boldsymbol{v}_o(r_i)$ 的值会显著大于维持编队控制的速度分量 $\boldsymbol{v}_f(r_i)$，迫使编队构型为规避障碍物而临时调整。

环境中的障碍物均被视为刚体，因此 $d(r_i, o_j) \geqslant s(o_j)$ 恒成立。其中 $\Psi(\cdot)$ 是与角度相关的盲区函数，满足以下定义：

$$\Psi(x, y) = \begin{cases} \cos\left(\dfrac{c_a|x|}{\arctan y}\right), & \dfrac{c_a|x|}{\arctan y} < \dfrac{\pi}{2} \\ 0, & \text{其他} \end{cases} \tag{4.5}$$

$\Phi(\cdot)$ 是与距离相关的盲区函数，定义如下：

$$\Phi(x) = \begin{cases} \cot(x/c_d), & x/c_d < \pi/2 \\ 0, & \text{其他} \end{cases} \tag{4.6}$$

其中，常量 c_a 和 $c_d(c_a, c_d \in \mathbb{R}_+)$ 可以分别调整机器人避障动作的角度与距离响应阈值。同时为了避免速度变化过快而导致的反复震荡，将偏转角 β 设置为较小的恒定值 $\pi/18$，其符号与 α 相同：

$$e<\boldsymbol{v}_o(r_i)> - e<\boldsymbol{v}(r_i)> = \beta = \begin{cases} \pi/18, & \alpha > 0 \\ -\pi/18, & \alpha \leqslant 0 \end{cases} \tag{4.7}$$

当机器人 r_i 绕开障碍物后，$\boldsymbol{v}_o(r_i)$ 的值会急剧减小，直到所有机器人都顺利通过后，维持编队控制的速度分量 $\boldsymbol{v}_f(r_i)$ 将重新占据主导地位，MRS 便会立即恢复之前的编队构型。

4.3 基于脑机接口的人类意图表达

基于上述本地控制器,MRS 无须人类干预也可以独立完成灭火任务。但在某些情况下,由于机器人对起火点的选择不一致而导致执行效率降低,并且占据优势的大多数机器人所选择的起火点也可能不是最佳目标。此时,拥有视野与经验优势的人类操控者的干预将有助于提高任务执行效率。

4.3.1 人类意图的表达

本节同样使用基于 SSVEP 的 BCI 技术作为人类意图的表达形式,而意图本身就表现为人类操控者对当前环境中火势情形的判断。BCI 范式设计如图 4.7 所示,与第 3 章独立于环境反馈的范式设计不同,该视觉刺激直接叠加在起火点标识上,并以不同的频率闪烁,操控者可以通过自然地、选择性地凝视起火点标识之一来传递意图。同样,通过 BCI 记录的结果并不是唯一且确定的选择,而是在每个起火点标识上都或强或弱地存在着信号强度(记为 SSVEP 得分),本节使用 $S(k) = (s_1(k), \cdots, s_j(k), \cdots, s_M(k))$ 来表示。其中 $k \in \mathbb{N}_+$ 表示当人类意图表达时,通过 BCI 产生的第 k 个过程数据,后文中若未特别说明,s_j 均表示 $s_j(k)$。

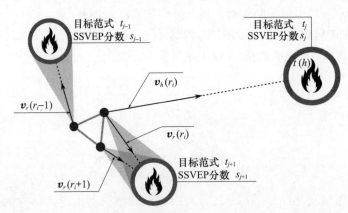

图 4.7　范式设计(不同的起火点标识以不同频率连续闪烁)

预先设置六种不同的闪烁频率分别是 8.18Hz, 8.97Hz, 9.98Hz, 11.23Hz, 12.85Hz 以及 14.99Hz, 实验时将根据当前观测到的起火点数量合理地进行选择,同时调整频率设置的顺序,以增加相邻选项之间的频率差。对于 EEG 信号的处理过程,本章使用了基于多变量同步索引(multivariate synchronization index, MSI)的改进分类算法,称为 MSI – RV(reducing variation, RV)。与标准的

MSI[169] 相比, MSI – RV 可以减少频率间的变化[170]。在该方法中, 首先使用 MSI 来计算多通道 EEG 信号 $X_s(t)$ 与参考刺激频率 $Y_f(t)$ 之间的同步指数, t 表示当前时间点。$X_s(t)$ 是一个 $N_c \times T$ 维的信号, N_c 是通道数而 T 则表示产生第 k 个过程数据时所使用的信号长度, $Y_f(t)$ 表示为

$$Y_f(t) = \begin{bmatrix} \sin(2\pi ft) \\ \cos(2\pi ft) \\ \sin(2 \times 2\pi ft) \\ \cos(2 \times 2\pi ft) \\ \vdots \\ \sin(N_h \times 2\pi ft) \\ \cos(N_h \times 2\pi ft) \end{bmatrix}, \quad t = \frac{1}{F_s}, \frac{2}{F_s}, \cdots, \frac{T}{F_s} \tag{4.8}$$

其中, F_s 是采样率, N_h 是谐波数, 相关性矩阵的计算公式为

$$C = \begin{bmatrix} C_{11} & C_{12} \\ C_{21} & C_{22} \end{bmatrix} = \begin{bmatrix} XX^T/T & XY^T/T \\ YX^T/T & YY^T/T \end{bmatrix} \tag{4.9}$$

构造转换矩阵:

$$U = \begin{bmatrix} C_{11}^{-\frac{1}{2}} & 0 \\ 0 & C_{22}^{-\frac{1}{2}} \end{bmatrix} \tag{4.10}$$

减少 C 中自相关的影响, 因此新的相关性矩阵重写为

$$\hat{C} = UCU^T \tag{4.11}$$

$X_s(t)$ 与 $Y_f(t)$ 之间同步指数的计算公式为

$$s_j = 1 + \frac{\sum_{i=1}^{P} \varphi_i \log(\varphi_i)}{\log(P)}, \quad j \in [1, M] \tag{4.12}$$

其中, φ 是 $\hat{C}$ 的归一化特征值, 而 $P = N_c + N_h$。然后使用以下公式估计该目标上的 SSVEP 响应得分:

$$\bar{s}_j = \frac{s_j - s_j^{NT}}{s_j + s_j^{NT}} \tag{4.13}$$

其中, s_j^{NT} 是与不同时间点相关的每个频率的平均非目标得分, 该得分是根据离线训练数据计算得出的。

本章使用偏差值来描述信号强度的突出程度, 以此反映人类意图对于倾向目标的关注趋势, 它可以有效地避免模棱两可的人类选择对机器人行为决策的最终影响。

$$\hat{s}_i = \bar{s}_i - \frac{\sum_{j=1}^{M} \bar{s}_j}{M}, \quad i \in [1, M] \tag{4.14}$$

$t(h)$表示人类操控者认为的火势最严重的起火点,记为

$$t(h) = \arg \max_i \hat{s}_i, \quad i \in [1, M]$$ (4.15)

从图 4.7 中可以发现,人类选择的目标 $t(h)$ 与所有机器人都不相同。人类意图 $\boldsymbol{v}_h \in \mathbb{R}^2$ 作用于 MRS 中不同的机器人个体,表现为由该机器人 r_i 指向操控者所选目标的速度分量,而当前时刻的 SSVEP 得分值则直接反映了人类意图的强度:

$$\begin{cases} e < \boldsymbol{v}_h(r_i) > = e < p(t(h)) - p(r_i) > \\ |\boldsymbol{v}_h(r_i)| = \hat{s}_{t(h)} \end{cases}$$ (4.16)

受到 BCI 检测技术的制约,想要得到稳定且较为准确的输出信号,往往需要较长的响应时间。为了适应连续动作级共享控制中较高的实时性要求,本章充分利用了 BCI 产生的过程信号,在每个控制周期中都输出当前检测到的人类意图。早期的人类意图表达因为检测时间较短而正确率较低,但同时也不具备很高的强度,所以只会对 MRS 产生微弱的影响。随着 BCI 信号的逐步积累,人类意图将连续地、平缓地扩大对机器人行为的影响,并最终引导 MRS 高效地完成灭火任务。

▶ 4.3.2 人类意图的传播

当操控者想要介入 MRS 从而干预每台机器人的行为决策时,通常以两种方式传播人类的控制信号(对应本章的人类意图),如图 4.8 所示。

(1)直接与每台机器人建立通信链接,分别传播人类意图;

(2)只与个别机器人建立通信链接,当其获得人类意图后,再依托多机器人之间的通信网络实现扩散。

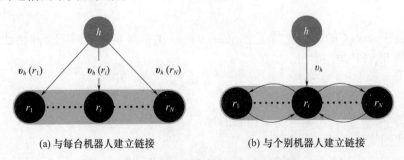

(a) 与每台机器人建立链接　　　　　　　(b) 与个别机器人建立链接

图 4.8　人类意图在 MRS 中的两种传播方式

若使用方法(1),人类可以直接影响 MRS 中的每台机器人,所以该方法更加注重控制效率与灵活性。但在本章的研究中,该方法并不适用。首先,在火灾环境中,从远程操控者到现场机器人的通信并不理想,因此很难确保所有机器人都能在第一时间接收到人类意图。尽管多次通信可以解决此问题,但同时也牺牲

了该方法在控制效率上的优势。其次,由于本章利用 BCI 表达人类意图,方法 (1)将极大地增加操控者负担,并且随着机器人数量的增加,这种负担将变得难以承受。另外,机器人始终以编队形式协作完成灭火任务,并不会距离过远,所以可以认为机器人间的通信链接是相对稳定的,这些足以说明方法(2)更加合适。当团队中任何机器人 r_i 接收到操控者选择的目标 $t(h)$ 以及相应的 SSVEP 得分 $\hat{s}_{t(h)}$ 后,将通过式(4.16)计算出人类意图 $\boldsymbol{v}_h(r_i)$,然后通过机器人之间的网络拓扑结构实现扩散。对于远程通信不稳定且机器人数量众多的灭火任务来说,方法(2)是平衡高效性与鲁棒性的最佳解决方案。

4.4　人 – 多机器人系统的分层共享控制框架

根据差异化的世界模型,机器人能够计算出代表其意图的 $\boldsymbol{v}_r$,用于维持编队控制的 $\boldsymbol{v}_f$ 以及引导机器人避开障碍物的 $\boldsymbol{v}_o$,同时人类意图 $\boldsymbol{v}_h$ 也可以通过 BCI 表达并引入到 MRS 的控制回路中。于是,本章提出了一种分层式的共享控制框架,通过合理地融合这些速度分量来实现高效、安全以及灵活的控制目标。

▶ 4.4.1　上层:意图场模型

根据前文,$\boldsymbol{v}_r(r_i) \in \mathbb{R}^2$ 表示 r_i 的机器人意图,以及机器人 r_i 可能接收到的人类意图 $\boldsymbol{v}_h(r_i) \in \mathbb{R}^2$,定义 $\boldsymbol{v}_t(r_i)$ 表示经过融合后的共享意图。在每个控制周期内,机器人都会将当前的意图向量 $\boldsymbol{v}_t(r_i)$ 发送给它的邻居,并使用其接收到的来自其他机器人的意图向量更新意图场模型(intention field),更新方式如下所示:

$$\Delta \boldsymbol{v}_t(r_i) = a_1(\boldsymbol{v}_r(r_i) - \boldsymbol{v}_t(r_i)) + a_2 \sum_{r_j \in \mathcal{N}_{r_i}} \Phi(\boldsymbol{v}_t(r_j) - \boldsymbol{v}_t(r_i)) + \tag{4.17}$$
$$a_3 \boldsymbol{\Psi}(r_i)(\boldsymbol{v}_h(r_i) - \boldsymbol{v}_t(r_i))$$

其中,$a_1, a_2, a_3 \in \mathbb{R}_+$ 表示系数。$\boldsymbol{\Psi}(r_i)$ 是一个指示函数,如果机器人 r_i 在本控制周期内收到了来自人类的意图表达 $\boldsymbol{v}_h(r_i)$,则 $\boldsymbol{\Psi}(r_i) = 1$,否则 $\boldsymbol{\Psi}(r_i) = 0$。$\Phi(\cdot)$ 是一个带有参数 $\epsilon \geq 0$ 的死区函数,定义如下:

$$\Phi(x) = \begin{cases} (\|x\| - \epsilon)x/\|x\|, & \|x\| > \epsilon \\ 0, & \|x\| \leq \epsilon \end{cases} \tag{4.18}$$

如此一来,人类意图便通过意图场模型自然地融入到了机器人意图当中,实现了上层的共享控制。意图场模型的可视化表现如图 4.9 所示。其中黑色起火点表示通过上层共享控制融合后人与机器人共同选择的目标,而灰色起火点表示环境中仍然存在的其他起火点。箭头代表该位置的共享意图向量,若机器人位于此处,意图向量的方向即是指向所选目标的方向,而它的模会随着靠近目标而逐渐减小。

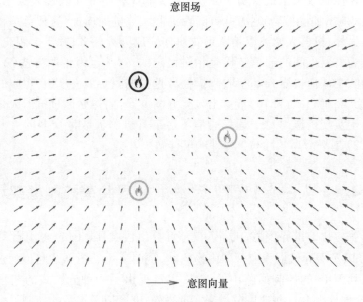

图 4.9 意图场模型的可视化

研究发现,融合过后的共享意图向量 $\boldsymbol{v}_t(r_i)$ 可以表现出以下属性,而这些属性则被视为对人或机器人真实意图的近似。尽管按照前文定义的传播方式 (b),人类意图只直接传递给编队中的个别机器人,但意识场所具备的这些属性能够使操控者更好地控制 MRS[163]。

(1)局部相似性。对于机器人 $r_i, r_j \in \mathcal{V}$,如果 r_i 和 r_j 距离很近,则 $\boldsymbol{v}_t(r_i)$ 与 $\boldsymbol{v}_t(r_j)$ 应当具有相似的值;

(2)空间局部性。对于机器人 $r_i, r_j \in \mathcal{V}$,如果 r_i 距离 r_j 较远,则 $\boldsymbol{v}_t(r_i)$ 对 $\boldsymbol{v}_t(r_j)$ 的影响也较小;

(3)目标约束性。所有机器人 $\forall r_i \in \mathcal{V}$,如果 r_i 向目标 $t(r_i)$ 靠近,则 $\boldsymbol{v}_t(r_i)$ 会逐渐减小,并且满足 $\lim\limits_{d(r_i, t(r_i)) \to 0} \boldsymbol{v}_t(r_i) = 0$。

局部相似性允许人类操控者对相邻机器人实现同步控制,而空间局部性则使得 MRS 的不同部分有不同的控制效果,目标约束性使意图向量能够将机器人平稳地引导至目标区域。这些属性可以简化并保证共享控制的稳定性。

式(4.17)描绘的意图场模型可以看作是具有死区函数与 P 控制器的一致性算法。其中,一致性算法实现了局部相似性,P 控制器用于目标约束,而死区函数则保证了空间局部性。总之,意图场模型允许人类操控者通过 BCI 实现对 MRS 的共享控制。由于该模型中的每个节点都会根据其邻居节点的状态以及可能存在的人类干预来更新自身,机器人间的网络通信可以将人类意图隐式(机器人之间传播的意图向量来自意图场模型的融合结果,其中隐含了人类意图)地扩散至所有节点。这与常见的领导者 – 跟随者模型有着明显的区别。

▶ 4.4.2　下层:策略混合模型

经历上层的意图融合后,下层的共享控制算法本质上表现为一个一致性网络,其中为每个速度分量$(\boldsymbol{v}_t, \boldsymbol{v}_f, \boldsymbol{v}_o)$根据其矢量模$\| * \|$的大小分配优先级。来自上层的共享意图向量与机器人本地自主控制器计算的速度分量经由仲裁函数λ混合,获得最终速度$\boldsymbol{v}$:

$$\boldsymbol{v} = \lambda_t \boldsymbol{v}_t + \lambda_f \boldsymbol{v}_f + \lambda_o \boldsymbol{v}_o \tag{4.19}$$

式(4.19)所示的控制器是策略混合模型(policy – blending)的一种典型形式[162],这种控制器的混合表现极度依赖仲裁函数λ的设计,本章中该函数将基于速度分量的优先级设计。

定义 4.1:

> 函数$\lambda(\boldsymbol{v}_t, \boldsymbol{v}_f, \boldsymbol{v}_o):\mathbb{R}^2 \times \mathbb{R}^2 \times \mathbb{R}^2 \to [\lambda_t \quad \lambda_f \quad \lambda_o]$如果满足:
>
> (1)当$\boldsymbol{v}_f$与$\boldsymbol{v}_o$取固定常值时,存在函数$\sigma(|\boldsymbol{v}_t|) = \lambda_t$严格单调递增。并且该性质对于$\lambda_f$与$\lambda_o$同样成立。
>
> (2)对于函数$\sigma(|\boldsymbol{v}_t|) = \lambda_t$,满足$\sigma(0) = 0$且$\lim\limits_{\boldsymbol{v}_t \to \infty} \sigma(|\boldsymbol{v}_t|) = 1$。并且该性质对于$\lambda_f$与$\lambda_o$同样成立。
>
> (3)其中$\lambda_t + \lambda_f + \lambda_o = 1$。
>
> 则该函数可以定义为仲裁函数。

同时定义优先级矩阵$\boldsymbol{V} = [|\boldsymbol{v}_t| \quad |\boldsymbol{v}_f| \quad |\boldsymbol{v}_o|]$和系数矩阵$\boldsymbol{K} = [K_t \quad K_f \quad K_o]$,其中$K_t, K_f, K_o > 0$。仲裁函数$\lambda$的一种可能形式定义如下:

$$\lambda(\boldsymbol{v}_t, \boldsymbol{v}_f, \boldsymbol{v}_o) = \frac{\boldsymbol{V} \odot \boldsymbol{K}}{\boldsymbol{V} \cdot \boldsymbol{K} + \epsilon}, \quad \epsilon > 0 \tag{4.20}$$

其中,$\epsilon > 0$是为了避免除零错误而定义的极小值。因此式(4.20)可以重写为

$$\boldsymbol{v} = \lambda(\boldsymbol{v}_t, \boldsymbol{v}_f, \boldsymbol{v}_o)[\boldsymbol{v}_t \quad \boldsymbol{v}_f \quad \boldsymbol{v}_o]^{\mathrm{T}} \tag{4.21}$$

最终的控制量$\boldsymbol{v}$融合了影响机器人当前行为的所有速度分量,合理的仲裁函数设计保证了 MRS 可以在避开障碍物的同时保持一定的编队构型并顺利到达起火点执行灭火任务。

4.5 实验验证与结果分析

为了验证所提出的分层共享控制框架的有效性和可操作性,本章分别设计了两种实验——半实物仿真实验与实物实验。每种实验都有人类被试参与,区别在于是否是由实际的 MRS 执行任务。

▶ 4.5.1 基于仿真环境的半实物仿真实验

首先,为了避免实际环境中其他因素的影响,快速完成大量的实验验证,本节使用如图 4.10 中所示的仿真系统来验证该共享控制框架的有效性。该仿真环境基于 ROS 与 QT GUI 开发,可以便捷快速地初始化火灾场景(包括起火点位置、蔓延速度以及障碍物位置等),并且可以自定义参与任务的多机器人编队(包括机器人数量、起始位置以及编队构型等)。在任务执行过程中,还可以动态地调整意图场模型与策略混合模型的相关参数,便于寻找到最佳的参数配置。以下面三种情形为例,人类的干预将使 MRS 在执行灭火任务时更加高效灵活,同时减少火灾造成的损失。

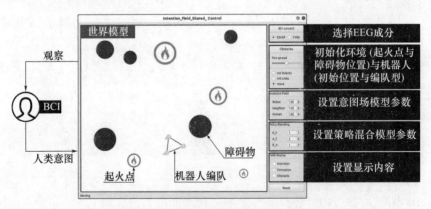

图 4.10　用于实验验证的仿真环境

初始设定仿真环境中存在四个起火点和若干大小不一的固定障碍物,由三台机器人组成的多机器人编队从该环境中的某一特定位置出发开始执行对火灾现场的扑救任务。此外,起火点半径将随着时间的流逝而扩大,将起火点 t_i 所覆盖的面积记录为损失面积 $a(t_i)$。机器人团队协同执行灭火任务的最终目标即是最大程度地减小该损失区域。

1. 情形 1——共享控制引导机器人更改执行顺序

根据要求,MRS 将在执行过程中尽可能保持初始编队配置(称作运动编队),

当单台机器人遭遇障碍物时,它将进行相应的动作调整,并在越过障碍物后迅速恢复运动编队。当到达起火区域后,MRS将根据火场的大小适当地分散以提高灭火效率,形成新的队形(称作灭火编队),两种编队构型分别如图4.11,图4.12和图4.13中的●和○所示。在情形1中,如果没有人类干预,机器人的运行轨迹如图4.11(a)所示。观察发现,由于障碍物的阻挡,机器人对环境中实际火势最严重的起火点 t_3 的观测出现了很大的偏差,导致多机器人编队选择了当前观测火势最大的起火点 t_1 作为首要目标,这样的选择将不可避免地造成更大的损失面积。

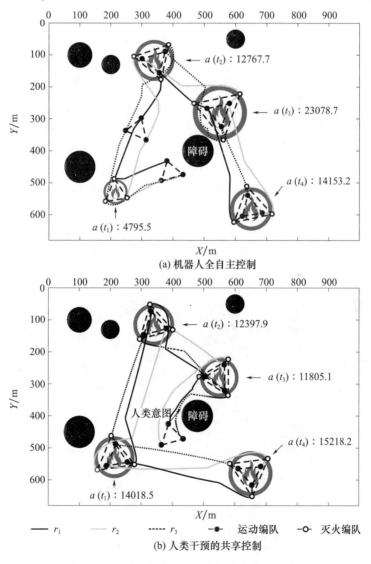

(a) 机器人全自主控制

(b) 人类干预的共享控制

图4.11　情形1中人类干预对机器人轨迹的影响

当人类操控者借助 BCI 技术进行干预时,人类意图会主动引导机器人改变运行轨迹,从而正确观测并选择起火点 t_3。根据表 4.1 中记录的结果可以看出,本文提出的基于 BCI 的分层共享控制方法可以有效地减少火灾造成的损失面积。

表 4.1　情形 1 中采用不同控制方法造成的损失面积比较

损失面积/m^2	$a(t_1)$	$a(t_2)$	$a(t_3)$	$a(t_4)$	总计
自主控制	4795.5	12767.7	23078.7	14153.2	54795.1
共享控制	14018.5	12397.9	11805.1	15218.2	53439.7

2. 情形 2——共享控制引导机器人发现未探测目标

如图 4.12 所示,该实验在上一场景的基础上对火势蔓延速度与个别障碍物的大小都进行了微调,因此机器人的运动轨迹也相应地发生了变化。当机器人团队顺序扑灭起火点 t_1、t_3 与 t_2 后,环境中仍然存在未扑灭的起火点 t_4。但由于障碍物的遮挡,直到其火势蔓延到一定程度之前,任何机器人都无法观测到该起火区域。纵使机器人团队最终顺利完成了灭火任务,但过长时间的等待已经造成了无法挽回的损失。当人类操控者借助 BCI 技术进行干预时,人类意图可以主动地引导机器人编队进行小范围的移动,调整当前的观测角度,从而发现未扑灭的起火点 t_4。根据表 4.2 中的结果可以发现,自主控制与共享控制方法在最后的损失面积统计上表现出巨大的差距。所以与情形 1 相比,情形 2 更加迫切地需要人类操控者的干预,从而显著地减少火灾造成的损失面积。

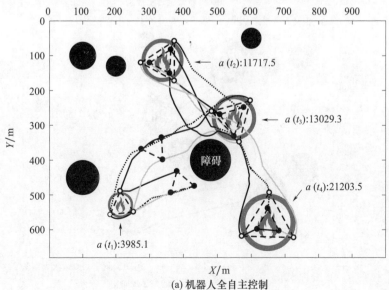

(a) 机器人全自主控制

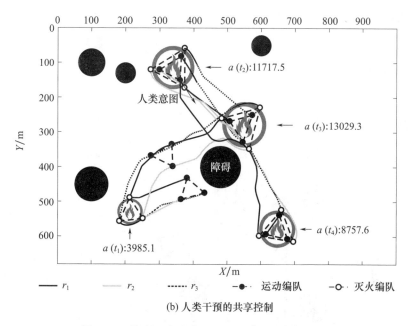

(b) 人类干预的共享控制

图 4.12　情形 2 中人类干预对机器人轨迹的影响

表 4.2　情形 2 中采用不同控制方法造成的损失面积比较

损失面积/m²	$a(t_1)$	$a(t_2)$	$a(t_3)$	$a(t_4)$	总计
自主控制	3985.1	11717.5	13029.3	21203.5	49935.4
共享控制	3985.1	11717.5	13029.3	8757.6	37489.5

3. 情形 3——共享控制避免人类操控者的误判断影响

　　人类的决策依据来源于火灾现场的图像回传,但由于高空观测与实际的火场环境之间仍然存在偏差,同时人类的判断也无法保证绝对的正确。但在常见的共享控制框架中,一旦有人类操控者参与其中,便会立即主导控制权,他的误判断将会直接影响机器人团队的正确决策。如图 4.13(a)所示,任务伊始,人类操控者误将灰色区域所示的观测偏差当作起火点 t_4 的着火区域,并错误地将多机器人编队引导至目标 t_4。但如果人类在控制权上不占据绝对优势,而只是一定程度的干预。那么机器人将首先受到人类意图的错误影响,但经历若干次共享控制的意图融合后,更加强烈的机器人意图通过意图场模型逐渐稀释了错误的人类意图,使得多机器人编队重新选择更合理的起火点 t_1 作为下一个目标。参考表 4.3 中记录的实验结果,本章所提出的人类干预下的共享控制框架可以实现更小的火灾损失面积。

表4.3 采用不同共享控制形式造成的损失面积比较

损失面积/m²	$a(t_1)$	$a(t_2)$	$a(t_3)$	$a(t_4)$	总计
人类主导	19641.5	21543.4	12123.1	2964.8	56272.8
人类干预	5114.9	17521.0	18227.1	14604.6	55467.6

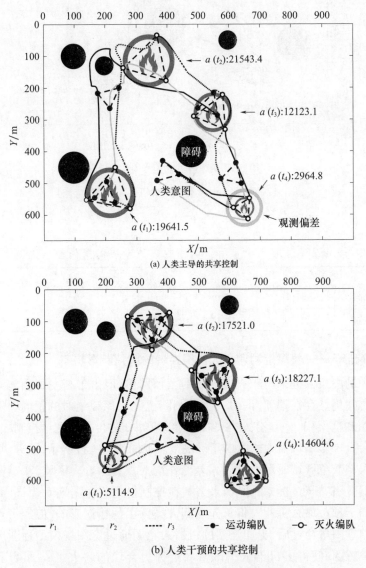

(a) 人类主导的共享控制

(b) 人类干预的共享控制

图4.13 两种共享控制形式对机器人轨迹的影响

▶ 4.5.2　基于全向移动地面机器人平台的实物实验

本小节将使用如图 4.14 所示的 RoboCup[66] 中型组足球机器人 NuBot[28] 作为实物测试平台。足球机器人系统是典型的全向移动地面平台,也是广泛用于多机器人协同算法的标准测试平台。该系统是典型的分布式 MRS,其中每台机器人都具有独立的感知、决策以及运动能力,并且它们之间还可以通过无线网络建立稳定的通信。受各种条件限制,无法在真实的森林火灾场景下进行实验,本章利用有限的实验室条件来模拟简化后的火灾现场,如图 4.15(b)所示。足球场模拟火场环境,足球充当起火点,黑色的行李箱代表环境中固定的障碍物,而场景图像则来自安装在墙上的摄像机(模拟图像回传)。参与任务的机器人能够利用车载视觉传感器获取自身的定位信息以及起火点(足球)与障碍物(黑箱)的相对位置,同时依托通信网络获知队友的位置信息与意图向量。另外,用于协助人类操控者完成目标选择的范式将直接叠加在起火点之上,如图 4.15(a)中的火焰标识所示。这样一来,被试可以十分自然地在关注环境信息的同时完成人类意图的表达,改进了上一章实验 3.5 中脑机范式与环境信息反馈相互独立的设计,避免被试通过 BCI 做选择时的注意力分散,提高脑电信号的检测精度。

图 4.14　最新一代 NuBot 足球机器人设计

在相同的场景下重复进行两次独立实验(障碍物与起火点的位置都保持不变),并且机器人编队均从同一地点出发。第一次实验由 MRS 全自主控制完成,而第二次是有人类干预的共享控制。初始设定时,当前环境中的火势情况从大到小排列为 $t_3 > t_2 > t_1$。但由于部分障碍物的遮挡,MRS 自主完成任务时并没有观测到起火点 t_3 的实际火势,反而倾向于首先扑灭起火点 t_1。最终采用 $t_1 \rightarrow t_2 \rightarrow t_3$ 的执行顺序完成了所有起火点的扑灭任务,如图 4.16 所示。而在第二次实验中,任务伊始,人类便通过主动干预使机器人编队向右移动了一小段距离,成功引导 MRS 正确地观测到起火点 t_3 的实际火势,并将任务执行的顺序调整为 $t_3 \rightarrow t_2 \rightarrow t_1$,如图 4.17 所示。表 4.4 中记录的实验结果显示,人 – 多机器人分层共享控制能够减少火灾造成的损失面积,实物实验的成功也说明了该方法的可操作性。

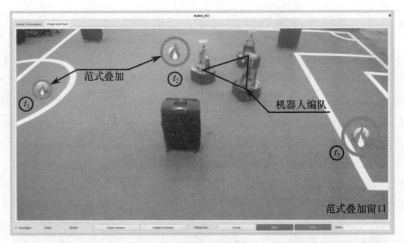

(a) 范式叠加窗口

(b) 被试与环境图像监视窗口

图 4.15 基于足球机器人平台的实物实验

(a) 前往 t_1

(b) 扑灭 t_1

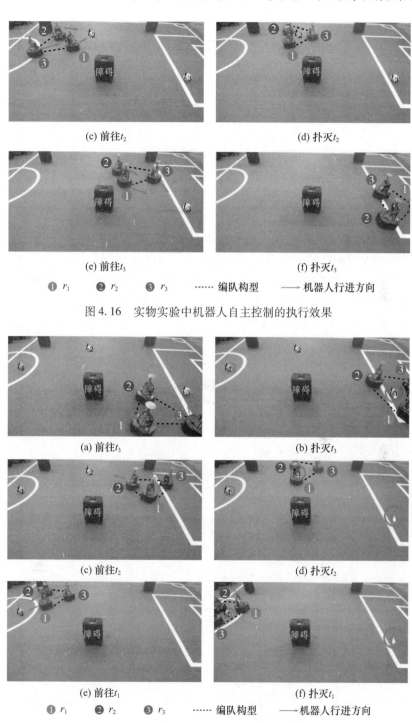

(c) 前往t_2

(d) 扑灭t_2

(e) 前往t_3

(f) 扑灭t_3

❶ r_1　　❷ r_2　　❸ r_3　　……… 编队构型　　——— 机器人行进方向

图4.16　实物实验中机器人自主控制的执行效果

(a) 前往t_3

(b) 扑灭t_3

(c) 前往t_2

(d) 扑灭t_2

(e) 前往t_1

(f) 扑灭t_1

❶ r_1　　❷ r_2　　❸ r_3　　……… 编队构型　　——— 机器人行进方向

图4.17　实物实验中人机共享控制的执行效果

表 4.4　实物实验中的损失面积比较

损失面积/m^2	$a(t_1)$	$a(t_2)$	$a(t_3)$	总计
自主控制	0.34	1.13	7.07	8.54
共享控制	1.54	2.01	3.80	7.35

4.6　小　结

本章以 BCI 作为人类意图的输入形式,提出了适用于动作级连续控制的人–多机器人分层共享控制框架。上层使用意图场模型来构建人与机器人的共同意图,下层使用策略混合模型融合各种速度分量,使 MRS 可以在避开障碍物的同时尽可能地保持编队构型并顺利到达起火点区域执行灭火任务。综上所述,采用人–多机器人共享控制方案可以有效地避免单一控制源(人或机器人)的固有缺陷,使机器人团队可以高效、安全、灵活地完成抢险救灾任务。除了具备3.6 节中提到的共享控制的共同优势外,本章所提出的分层共享控制框架还具备以下优点:

(1)人类可以在动作级上高效地参与多机器人控制;

(2)充分利用 SSVEP – BCI 的过程数据来实现连续的共享控制,弱化了 BCI 的实时性缺陷;

(3)刺激范式直接叠加在起火区域的标识上,人类操控者可以在关注环境信息反馈的同时自然地完成选择;

(4)允许人类与 MRS 同时参与机器人的运动控制,而非有条件的控制权切换。

参 考 文 献

[1] Jennings N R. Controlling Cooperative Problem Solving in Industrial Multi – Agent Systems Using Joint Intentions [J]. Artificial Intelligence,1995,75(2):195 – 240.

[2] Jiang Y,Hu J,Lin D. Decision Making of Networked Multiagent Systems for Interaction Structures [J]. IEEE Transactions on Systems,Man,and Cybernetics – Part A:Systems and Humans,2011,41(6):1107 – 1121.

[3] Ye D,Zhang M,Sutanto D. Self – adaptation – based Dynamic Coalition Formation in a Distributed Agent Network:A Mechanism and a Brief Survey [J]. IEEE Transactions on Parallel and Distributed Systems,2013,24 (5):1042 – 1051.

[4] Alami R,Fleury S,Herrb M,et al. Multi – robot Cooperation in the MARTHA Project [J]. IEEE Robotics and Automation Magazine,1998,5(1):36 – 47.

[5] Stroupe A,Okon A,Robinson M,et al. Sustainable Cooperative Robotic Technologies for Human and Robotic Outpost Infrastructure Construction and Maintenance[J]. Autonomous Robots,2006,20(2):113 – 123.

[6] Murphy R R. Marsupial and Shape – shifting Robots for Urban Search and Rescue[J]. IEEE Intelligent Systems and Their Applications,2000,15(2):14 – 19.

[7] Baxter J L,Burke E,Garibaldi J M,et al. Multi – robot Search and Rescue:A Potential Field based Approach [M]. In Autonomous Robots and Agents. Berlin,Heidelberg:Springer Berlin Heidelberg,2007.

[8] Simmons R,Singh S,Hershberger D,et al. First Results in the Coordination of Heterogeneous Robots for Large – scale Assembly [C]. In Experimental Robotics VII. Berlin,Heidelberg,2001:323 – 332.

[9] Hazard C J,Wurman P R,D'Andrea R. Alphabet Soup:A Testbed for Studying Resource Allocation in Multi – vehicle Systems [C]. In AAAI Workshop on Auction Mechanisms for Robot Coordination,2006:23 – 30.

[10] Guo Y,Parker E L,Madhavan R. Collaborative Robots for Infrastructure Security Applications [M]. In Mobile Robots:The Evolutionary Approach. Berlin,Heidelberg:Springer Berlin Heidelberg,2007:185 – 200.

[11] Dai W,Lu H,Xiao J,et al. Multi – Robot Dynamic Task Allocation for Exploration and Destruction [J]. Journal of Intelligent and Robotic Systems,2020,98(2):455 – 479.

[12] Dudek G,Jenkin M R M,Milios E,et al. A Taxonomy for Multi – agent Robotics [J]. Autonomous Robots, 1996,3(4):375 – 397.

[13] Parker L E,Parker L E. Current State of the Art in Distributed Autonomous Mobile Robotics [C]. In Distributed Autonomous Robotic Systems,2000:3 – 14.

[14] Vincent P,Rubin I. A Framework and Analysis for Cooperative Search Using UAV Swarms [C]. In ACM Symposium on Applied Computing,2004:79 – 86.

[15] Bekey I. Formation Flying Picosat Swarms for Forming Extremely Large Apertures[J]. First Workshop on Innovative System Concepts,2006,633:57 – 64.

[16] Brown R,Jennings J. A Pusher/steerer Model for Strongly Cooperative Mobile Robot Manipulation [C]. In International Conference on Intelligent Robots and Systems,1995:562 – 568.

[17] Ma J,Lu H,Xiao J,et al. Multi – robot Target Encirclement Control with Collision Avoidance via Deep Reinforcement Learning [J]. Journal of Intelligent and Robotic Systems,2020(99):371 – 386.

[18] Wang D Z, Hirata Y, Kosuge K. Control a Rigid Caging Formation for Cooperative Object Transportation by Multiple Mobile Robots [C]. In IEEE International Conference on Robotics and Automation, 2004:1580 – 1585.

[19] Gerkey B P, Mataric M J. A Formal Analysis and Taxonomy of Task Allocation in Multi – robot Systems [J]. International Journal of Robotics Research, 2004, 23(9):939 – 954.

[20] Parker L E, Rus D, Sukhatme G S. Multiple Mobile Robot Systems [M]. In Springer Handbook of Robotics. Cham:Springer International Publishing, 2016.

[21] Lueth C T, Laengle T. Task Description, Decomposition, and Allocation in a Distributed Autonomous Multi – agent Robot System [C]. In International Conference on Intelligent Robots and Systems, 1994:1516 – 1523.

[22] Zomaya A Y, Teh Y H. Observations on Using Genetic Algorithms for Dynamic Load – balancing [J]. IEEE Transactions on Parallel and Distributed Systems, 2001, 12(9):899 – 911.

[23] Rauff J V. Multi – Agent Systems:An Introduction to Distributed Artificial Intelligence[M]. USA:Addison – Wesley Longman Publishing Co. , Inc. , 1999.

[24] Jiang Y, Zhou Y, Wang W. Task Allocation for Undependable Multiagent Systems in Social Networks [J]. IEEE Transactions on Parallel and Distributed Systems, 2013, 24(8):1671 – 1681.

[25] Mataric M J. Issues and Approaches in the Design of Collective Autonomous Agents [J]. Robotics and Autonomous Systems, 1995, 16(2 – 4):321 – 331.

[26] Parker L E. ALLIANCE:An Architecture for Fault Tolerant Multirobot Cooperation [J]. IEEE Transactions on Robotics and Automation, 1998, 14(2):220 – 240.

[27] Mataric M J. Designing and Understanding Adaptive Group Behavior [J]. Adaptive Behavior, 1995, 4(1):51 – 80.

[28] Tsankova D D, Georgieva V S. From Local Actions to Global Tasks:Simulation of Stigmergy Based Foraging Behavior [C]. In IEEE International Conference on Intelligent Systems, 2004:353 – 358.

[29] Butler J Z, Rizzi A A, Hollis L R. Cooperative Coverage of Rectilinear Environments[C]. In IEEE International Conference on Robotics and Automation, 2000:2722 – 2727.

[30] Wagner A I, Lindenbaum M, Bruckstein M A. MAC Versus PC:Determinism and Randomness as Complementary Approaches to Robotic Exploration of Continuous Unknown Domains [J]. International Journal of Robotics Research, 2000, 19(1):12 – 31.

[31] Sun S, Lee D, Sim K. Artificial Immune – based Swarm Behaviors of Distributed Autonomous Robotic Systems [C]. In IEEE International Conference on Robotics and Automation, 2001:3993 – 3998.

[32] Mourikis A I, Roumeliotis S I. Optimal Sensor Scheduling for Resourceconstrained Localization of Mobile Robot Formations [J]. IEEE Transactions on Robotics, 2006, 22(5):917 – 931.

[33] Mourikis I A, Roumeliotis I S. Performance Analysis of Multirobot Cooperative localization [J]. IEEE Transactions on Robotics, 2006, 22(4):666 – 681.

[34] Kloder S, Hutchinson S. Path Planning for Permutation – invariant Multirobot Formations [J]. IEEE Transactions on Robotics, 2006, 22(4):650 – 665.

[35] Reynolds C W. Flocks, Herds and Schools:A Distributed Behavioral Model [J]. Special Interest Group on Computer Graphics, 1987, 21(4):25 – 34.

[36] Balch T, Arkin R C. Behavior – based Formation Control for Multirobot Teams [J]. IEEE Transactions on Robotics and Automation, 1998, 14(6):926 – 939.

[37] Gazi V. Swarm Aggregations Using Artificial Potentials and Sliding – mode Control [J]. IEEE Transactions on Robotics, 2005, 21(6):1208 – 1214.

［38］ Jadbabaie A,Lin J,Morse A S. Coordination of Groups of Mobile Autonomous Agents Using Nearest Neighbor Rules［J］. IEEE Transactions on Automatic Control,2003,48(6):988 - 1001.

［39］ Murray M R. Recent Research in Cooperative Control of Multivehicle Systems［J］. Journal of Dynamic Systems Measurement and Control - transactions of The Asme,2007,129(5):571 - 583.

［40］ Cao Y,Yu W,Ren W,et al. An Overview of Recent Progress in the Study of Distributed Multi - Agent Coordination［J］. IEEE Transactions on Industrial Informatics,2013,9(1):427 - 438.

［41］ Kube R C,Zhang H. Collective Robotics:From Social Insects to Robots［J］. Adaptive Behaviour,1993,2(2):189 - 218.

［42］ Stilwell J D,Bay S J. Toward the Development of a Material Transport System Using Swarms of Ant - like Robots［C］. In IEEE International Conference on Robotics and Automation,1993:766 - 771.

［43］ Johnson J P,Bay S J. Distributed Control of Simulated Autonomous Mobile Robot Collectives in Payload Transportation［J］. Autonomous Robots,1995,2:43 - 63.

［44］ Kosuge K,Oosumi T. Decentralized Control of Multiple Robots Handling an Object［C］. In International Conference on Intelligent Robots and Systems,1996:318 - 323.

［45］ Kube C,Bonabeau E. Cooperative Transport by Ants and Robots［J］. Robotics and Autonomous Systems,1998,30:85 - 101.

［46］ Gross R,Dorigo M. Towards Group Transport by Swarms of Robots［J］. International Journal of Bio - Inspired Computation,2009,1(1/2):1 - 13.

［47］ Farinelli A,Iocchi L,Nardi D. Multirobot Systems:A Classification Focused on Coordination［J］. IEEE Transactions on Systems,Man,and Cybernetics,Part B(Cybernetics),2004,34(5):2015 - 2028.

［48］ Parker E L. Lifelong Adaptation in Heterogeneous Multi - Robot Teams:Response to Continual Variation in Individual Robot Performance［J］. Autonomous Robots,2000,8:239 - 267.

［49］ Donald B R,Jennings J,Rus D. Analyzing Teams of Cooperating Mobile Robots［C］. In IEEE International Conference on Robotics and Automation,1994:1896 - 1903.

［50］ Parker L E. Cooperative Robotics for Multi - target Observation［J］. Intelligent Automation and Soft Computing,1999,5(1):5 - 19.

［51］ Beard R W,McLain T W,Goodrich M A,et al. Coordinated Target Assignment and Intercept for Unmanned Air Vehicles［J］. IEEE Transactions on Robotics and Automation,2002,18(6):911 - 922.

［52］ Vieira A M M,Govindan R,Sukhatme S G. Scalable and Practical Pursuitevasion with Networked Robots［J］. Intelligent Service Robotics,2009,2:247 - 263.

［53］ Stroupe W A,Martin C M,Balch R T. Distributed Sensor Fusion for Object Position Estimation by Multi - robot Systems［C］. In IEEE International Conference on Robotics and Automation,2001:1092 - 1098.

［54］ Tang Z,Ozguner U A. Motion Planning for Multitarget Surveillance with Mobile Sensor Agents［J］. IEEE Transactions on Robotics,2005,21(5):898 - 908.

［55］ Werger B B,Mataric M J. Broadcast of Local Eligibility for Multi - target Observation［M］. In Distributed Autonomous Robotic Systems 4. Tokyo:Springer Japan,2000.

［56］ Chung H T,Burdick W J,Murray M R. A Decentralized Motion Coordination Strategy for Dynamic Target Tracking［C］. In IEEE International Conference on Robotics and Automation,2006:2416 - 2422.

［57］ Parker L E. Multiple Mobile Robot Teams,Path Planning and Motion Coordination in［M］. In Encyclopedia of Complexity and Systems Science. New York,NY:Springer New York,2009.

［58］ Grossman,D D. Traffic Control of Multiple Robot Vehicles［J］. IEEE Journal on Robotics and Automation,

1988,4(5):491 - 497.

[59] Wang J,Beni G. Distributed Computing Problems in Cellular Robotic Systems [C]. In International Conference on Intelligent Robots and Systems,1990:819 - 826.

[60] Wang J. Fully Distributed Traffic Control Strategies for Many - AGV Systems [C]. In International Conference on Intelligent Robots and Systems,1991:1199 - 1204.

[61] Svestka P,Overmars H M A. Coordinated Path Planning for Multiple Robots [J]. Robotics and Autonomous Systems,1998,23(3):125 - 152.

[62] Peasgood M,Clark M C,McPhee J. A Complete and Scalable Strategy for Coordinating Multiple Robots Within Roadmaps [J]. IEEE Transactions on Robotics,2008,24(2):283 - 292.

[63] Ferrari C,Pagello E,Ota J,et al. Multirobot Motion Coordination in Space and Time [J]. Robotics and Autonomous Systems,1998,25(3):219 - 229.

[64] Bennewitz M,Burgard W,Thrun S. Finding and Optimizing Solvable Priority Schemes for Decoupled Path Planning Techniques for Teams of Mobile Robots [J]. Robotics and Autonomous Systems,2002,41(2):89 - 99.

[65] Kitano H,Asada M,Kuniyoshi Y,et al. Robocup:The Robot World Cup Initiative[C]. In Proceedings of the First International Conference on Autonomous Agents,1997:340 - 347.

[66] Candea C,Hu H,Iocchi L,et al. Coordination in Multi - agent RoboCup Teams [J]. Robotics and Autonomous Systems,2001,36(2):67 - 86.

[67] Weigel T,Gutmann J S,Dietl M,et al. CS Freiburg:Coordinating Robots for Successful Soccer Playing [J]. IEEE Transactions on Robotics and Automation,2002,18(5):685 - 699.

[68] Veloso M M,Stone P,Han K. The CMUnited - 97 Robotic Soccer Team:Perception and Multi - agent Control [J]. Robotics and Autonomous Systems,1999,29(2):133 - 143.

[69] Stone P,Veloso M. Task Decomposition,Dynamic Role Assignment,and Low - Bandwidth Communication for Real - Time Strategic Teamwork [J]. Artificial Intelligence,1999,110(2):241 - 273.

[70] Wei D,Yu Q,Xiao J,et al. Communication - Less Cooperation Between Soccer Robots [C]. In RoboCup 2016. 2017:356 - 367.

[71] Silva J,Lau N,Rodrigues J,et al. Sensor and Information Fusion Applied to a Robotic Soccer Team [C]. In RoboCup 2009. 2010:366 - 377.

[72] Browning B,Bruce J,Bowling M,et al. STP:skills,tactics,and plays for multirobot control in adversarial environments [J]. Proceedings of the Institution of Mechanical Engineers Part I Journal of Systems and Control Engineering,2004,219(1):33 - 52.

[73] Peter,Stone,Richard,et al. Reinforcement Learning for RoboCup Soccer Keepaway [J]. Adaptive Behavior,2005,13(3):165 - 188.

[74] Yao W,Dai W,Xiao J,et al. A Simulation System Based on ROS and Gazebo for RoboCup Middle Size League [C]. In IEEE International Conference on Robotics and Biomimetics,2015:54 - 59.

[75] Dai W,Lu H,Xiao J,et al. Task Allocation without Communication Based on Incomplete Information Game Theory for Multi - robot Systems [J]. Journal of Intelligent and Robotic Systems,2019,94(3):841 - 856.

[76] KazuyukiIto,AkioGofuku. Hybrid Autonomous Control for Multi Mobile Robots [J]. Advanced Robotics,2004,18(1):83 - 99.

[77] Parker L E,Touzet C,Fernandez F. Techniques for Learning in Multi - robot Teams [J]. Robot Teams:From Diversity to Polymorphism. AK Peters,2002:191 - 236.

[78] Kapetanakis S,Kudenko D. Improving on the Reinforcement Learning of Coordination in Cooperative Multi -

agent Systems [J]. Adaptive Agents and Multi – Agents Systems,2002:326 – 331.

[79] Martinson E, Arkin R C. Learning to Role – switch in Multi – robot Systems [C]. In IEEE International Conference on Robotics and Automation,2003:2727 – 2734.

[80] Kovac K, Zivkovic I, Basic B D. Simulation of Multi – robot Reinforcement Learning for Box – pushing Problem [C]. In IEEE Mediterranean Electrotechnical Conference,2004:603 – 606.

[81] Taylor M E, Stone P. Behavior Transfer for Value – function – based Reinforcement Learning [C]. In International Joint Conference on Autonomous Agents and Multiagent Systems,2005:53 – 59.

[82] Strens J A M, Windelinckx N. Combining Planning with Reinforcement Learning for Multi – robot Task Allocation [J]. Adaptive Agents and Multi – Agent Systems,2005,3394:260 – 274.

[83] Wang Y, Siriwardana G D P, Silva W d C. Multi – Robot Cooperative Transportation of Objects Using Machine Learning [J]. International Journal of Robotics and Automation,2011:369 – 375.

[84] Mnih V, Kavukcuoglu K, Silver D, et al. Human – level Control through Deep Reinforcement Learning [J]. Nature,2015,518(7540):529.

[85] Vidal J J. Toward Direct Brain – computer Communication [J]. Annual Review of Biophysics and Bioengineering,1973,2(1):157 – 180.

[86] Farwell L, Donchin E. Talking Off the Top of Your Head:Toward a Mental Prosthesis Utilizing Event – related Brain Potentials [J]. Electroencephalography and Clinical Neurophysiology,1988:510 – 523.

[87] Wolpaw J R, Birbaumer N, Heetderks W J, et al. Brain – computer Interface Technology:A Review of the First International Meeting [J]. IEEE Transactions on Rehabilitation Engineering,2000,8(2):164 – 173.

[88] Wolpaw J R, Birbaumer N, McFarland D J, et al. Brain – computer Interfaces for Communication and Control [J]. Clinical Neurophysiology,2002,113(6):767 – 791.

[89] Hochberg L R, Bacher D, Jarosiewicz B, et al. Reach and Grasp by People with Tetraplegia Using a Neurally Controlled Robotic Arm [J]. Nature,2012,485(7398):372.

[90] Liu Y, Liu Y, Tang J, et al. A Self – paced BCI Prototype System based on the Incorporation of an Intelligent Environment – understanding Approach for Rehabilitation Hospital Environmental Control [J]. Computers in Biology and Medicine,2020,118:103618.

[91] Asensio – Cubero J, Gan J Q, Palaniappan R. Multiresolution Analysis over Graphs for a Motor Imagery based Online BCI Game [J]. Computers in Biology and Medicine,2016,68:21 – 26.

[92] Liang S, Choi K S, Qin J, et al. Enhancing Training Performance for Braincomputer Interface with Object – directed 3D Visual Guidance [J]. International Journal of Computer Assisted Radiology and Surgery,2016, 11(11):2129 – 2137.

[93] Saeedi S, Chavarriaga R, Leeb R, et al. Adaptive Assistance for Braincomputer Interfaces by Online Prediction of Command Reliability [J]. IEEE Computational Intelligence Magazine,2016,11(1):32 – 39.

[94] Zhang R, Li Y, Yan Y, et al. Control of a Wheelchair in an Indoor Environment Based on a Brain – Computer Interface and Automated Navigation [J]. IEEE Transactions on Neural Systems and Rehabilitation Engineering,2016,24(1):128 – 139.

[95] McFarland D J, Wolpaw J R. Brain – computer Interface Operation of Robotic and Prosthetic Devices [J]. Computer,2008,41(10):52 – 56.

[96] Onose G, Grozea C, Anghelescu A, et al. On the Feasibility of Using Motor Imagery EEG – based Brain – computer Interface in Chronic Tetraplegics for Assistive Robotic Arm Control:A Clinical Test and Long – term Post – trial Follow – up [J]. Spinal Cord,2012,50(8):599.

[97] Pfurtscheller G, Solis – Escalante T, Ortner R, et al. Self – paced Operation of an SSVEP – Based Orthosis with and without an Imagery – based "Brain Switch:" A Feasibility Study towards a Hybrid BCI [J]. IEEE Transactions on Neural Systems and Nehabilitation Engineering, 2010, 18(4):409 – 414.

[98] Leeb R, Tonin L, Rohm M, et al. Towards Independence: A BCI Telepresence Robot for People with Severe Motor Disabilities [J]. Proceedings of the IEEE, 2015, 103(6):969 – 982.

[99] Bi L, Fan X – A, Liu Y. EEG – based Brain – controlled Mobile Robots: A Survey [J]. IEEE Transactions on Human – Machine Systems, 2013, 43(2):161 – 176.

[100] Yuan Y, Su W, Li Z, et al. Brain – computer Interface – based Stochastic Navigation and Control of a Semi- autonomous Mobile Robot in Indoor Environments [J]. IEEE Transactions on Cognitive and Developmental Systems, 2018, 11(1):129 – 141.

[101] Mondada L, Karim M E, Mondada F. Electroencephalography as Implicit Communication Channel for Proxi- mal Interaction between Humans and Robot Swarms [J]. Swarm Intelligence, 2016, 10(4):247 – 265.

[102] Kirchner E A, Kim S K, Tabie M, et al. An Intelligent Man – machine Interface—Multi – robot Control A- dapted for Task Engagement Based on Single – trial Detectability of P300 [J]. Frontiers in Human Neuro- science, 2016, 10:291.

[103] Gibo, Tricia. The "Shared Control" Committee [Society News] [J]. IEEE Systems Man and Cybernetics Magazine, 2016, 2(2):51 – 55.

[104] Goodrich M A, Schultz A C. Human – robot Interaction: A Survey [J]. Foundations and Trends in Human Computer Interaction, 2007, 1(3):203 – 275.

[105] Boehm – Davis A D. Discoveries and Developments in Human – Computer Interaction [J]. Human Factors, 2008, 50(3):560 – 564.

[106] Hancock P A, Jagacinski R J, Parasuraman R, et al. Human – Automation Interaction Research Past, Present, and Future [J]. Ergonomics in Design the Quarterly of Human Factors Applications, 2013, 21(2):9 – 14.

[107] Sheridan B T. Telerobotics [J]. Automatica, 1989, 25(4):487 – 507.

[108] Niemeyer G, Preusche C, Hirzinger G. Telerobotics [J]. Springer Handbook of Robotics, 2008:741 – 757.

[109] O'Malley M K, Gupta A, Gen M, et al. Shared Control in Haptic Systems for Performance Enhancement and Training [J]. Journal of Dynamic Systems Measurement and Control, 2006, 128(1):75 – 85.

[110] Griffin, B W, Provancher, et al. Feedback Strategies for Telemanipulation with Shared Control of Object Handling Forces. [J]. Presence: Teleoperators and Virtual Environments, 2005, 14(6):720 – 731.

[111] Kim K H, Biggs J S, Schloerb W D, et al. Continuous Shared Control for Stabilizing Reaching and Grasping With Brain – Machine Interfaces [J]. IEEE Transactions on Biomedical Engineering, 2006, 53(6):1164 – 1173.

[112] Goertz R C. Manipulators Used for Handling Radioactive Materials [J]. Human Factors in Technology, 1963:425 – 443.

[113] Rosenberg L B. Virtual Fixtures: Perceptual Tools for Telerobotic Manipulation [C]. In IEEE Virtual Real- ity Annual International Symposium. 1993:76 – 82.

[114] Debus T, Stoll J, Howe R D, et al. Cooperative Human and Machine Perception in Teleoperated Assembly [C]. In Experimental Robotics VII, 2001:51 – 60.

[115] Dautenhahn K, Nehaniv C L. Imitation as a Dual – Route Process Featuring Predictive and Learning Com- ponents: A Biologically Plausible Computational Model [M]. In Imitation in Animals and Artifacts, 2002.

[116] Ming L, Okamura A M. Recognition of Operator Motions for Real – Time Assistance Using Virtual Fixtures [C]. In Symposium on Haptic Interfaces for Virtual Environment and Teleoperator Systems, 2003:125 – 125.

[117] Kragic D,Marayong P,Li M,et al. Human – Machine Collaborative Systems for Microsurgical Applications [J]. International Journal of Robotics Research,2005,24(9):731 – 741.

[118] Aarno D,Ekvall S,Kragic D. Adaptive Virtual Fixtures for Machine – Assisted Teleoperation Tasks [C]. In IEEE International Conference on Robotics and Automation,2005:1139 – 1144.

[119] Kofman J,Wu X,Luu T J,et al. Teleoperation of a Robot Manipulator Using a Vision – Based Human – Robot Interface [J]. IEEE Transactions on Industrial Electronics,2005,52(5):1206 – 1219.

[120] Crandall W J,Goodrich A M. Characterizing Efficiency of Human Robot Interaction: A Case Study of Shared – control Teleoperation [C]. In International Conference on Intelligent Robots and Systems,2002: 1290 – 1295.

[121] Abbink D A,Mulder M,Boer E R. Haptic Shared Control:Smoothly Shifting Control Authority? [J]. Cognition Technology and Work,2012,14(1):19 – 28.

[122] Erlien S M,Fujita S,Gerdes J C. Shared Steering Control Using Safe Envelopes for Obstacle Avoidance and Vehicle Stability [J]. IEEE Transactions on Intelligent Transportation Systems,2016,17(2):441 – 451.

[123] Li Y,Tee P K,Yan R,et al. A Framework of Human – Robot Coordination Based on Game Theory and Policy Iteration [J]. IEEE Transactions on Robotics,2016,32(6):1408 – 1418.

[124] Li Y,Tee K P,Chan W L,et al. Continuous Role Adaptation for Human – Robot Shared Control [J]. IEEE Transactions on Robotics,2015,31(3):672 – 681.

[125] Rosenfeld A,Agmon N,Maksimov O,et al. Intelligent Agent Supporting Human – multi – robot Team Collaboration [J]. Artificial Intelligence,2017,252:211 – 231.

[126] Cappo E A,Desai A,Collins M,et al. Online Planning for Human – multi – robot Interactive Theatrical Performance [J]. Autonomous Robots,2018,42(8):1771 – 1786.

[127] Dias M B,Kannan B,Browning B,et al. Sliding Autonomy for Peer – to – peer Human – robot Teams [J]. Ios Press,2016:113 – 118.

[128] Anderson S,Peters S,Iagnemma K,et al. Semi – autonomous Stability Control and Hazard Svoidance for Manned and Unmanned Ground Vehicles [C]. In Army Science Conference,2010:1 – 8.

[129] You E,Hauser K. Assisted Teleoperation Strategies for Aggressively Controlling a Robot Arm with 2d Input [C]. In Robotics:Science and Systems,2012:354.

[130] Kim D,Hazlett – Knudsen R,Culver – Godfrey H,et al. How Autonomy Impacts Performance and Satisfaction:Results From a Study With Spinal Cord Injured Subjects Using an Assistive Robot [J]. IEEE Transactions on Systems,Man,and Cybernetics – Part A:Systems and Humans,2012,42(1):2 – 14.

[131] Abbink A D,Carlson T,Mulder M,et al. A Topology of Shared Control Systems—Finding Common Ground in Diversity [J]. IEEE Transactions on Human – Machine Systems,2018,48(5):509 – 525.

[132] Zheng D,Zheng Y. The Current State and Developing Trends of DEDS Theory[J]. Acta Automatica Sinica, 1992,18(2):129 – 142.

[133] Chen X,Wang L. Cooperation Enhanced by Moderate Tolerance Ranges in Myopically Selective Interactions [J]. Physical Review E Statal Nonlinear and Soft Matter Physics,2009,80(2):046109.

[134] Philips J,Millán J D R,Vanacker G,et al. Adaptive Shared Control of a Brain – Actuated Simulated Wheelchair [C]. In International Conference on Rehabilitation Robotics,2007:408 – 414.

[135] Parker L E. Distributed Algorithms for Multi – Robot Observation of Multiple Moving Targets [J]. Autonomous Robots,2002,12(3):231 – 255.

[136] Koenig S,Keskinocak P,Tovey C. Progress on Agent Coordination with Cooperative Auctions [C]. In Pro-

ceedings of the Twenty – Fourth AAAI Conference on Artificial Intelligence,2010:1713 – 1717.

[137] Bektas T. The Multiple Traveling Salesman Problem:An Overview of Formulations and Solution Procedures [J]. Omega,2006,34(3):209 – 219.

[138] Koenig S,Tovey C,Lagoudakis M,et al. The Power of Sequential Single – item Auctions for Agent Coordination [C]. In National Conference on Artificial Intelligence,2006:1625 – 1629.

[139] Wei C,Hindriks K V,Jonker C M. Dynamic Task Allocation for Multi – robot Search and Retrieval Tasks [J]. Applied Intelligence,2016,45(2):1 – 19.

[140] Lagoudakis M G,Markakis E,Kempe D,et al. Auction – Based Multi – Robot Routing [C]. In Robotics: Science and Systems,2005:343 – 350.

[141] Tegelberg A,Kopp S. Agent Coordination with Regret Clearing. [C]. In National Conference on Artificial Intelligence,2008:101 – 107.

[142] Tovey C,Lagoudakis M G,Jain S,et al. The Generation of Bidding Rules for Auction – Based Robot Coordination [M]. In Multi – Robot Systems. From Swarms to Intelligent Automata Volume III. Dordrecht: Springer Netherlands,2005:3 – 14.

[143] Schoenig A,Pagnucco M. Evaluating Sequential Single – Item Auctions for Dynamic Task Allocation [C]. In Advances in Artificial Intelligence – Australasian Joint Conference,2010:506 – 515.

[144] Lowe R,Wu Y,Tamar A,et al. Multi – Agent Actor – Critic for Mixed Cooperative – Competitive Environments [C]. In Conference and Workshop on Neural Information Processing Systems,2017:6379 – 6390.

[145] Tampuu A,Matiisen T,Kodelja D,et al. Multiagent Cooperation and Competition with Deep Reinforcement Learning [J]. Plos One,2017,12(4):e0172395.

[146] Quigley M,Gerkey B,Conley K,et al. ROS:An Open – source Robot Operating System [C]. In ICRA Work shop on Open – Source Software,2009.

[147] Koenig N,Howard A. Design and Use Paradigms for Gazebo,an Open – source Multi – robot Simulator [C]. In International Conference on Intelligent Robots and Systems,2004:2149 – 2154.

[148] Argall B D,Chernova S,Veloso M,et al. A Survey of Robot Learning from Demonstration [J]. Robotics and Autonomous Systems,2009,57(5):469 – 483.

[149] HOME OF THE MSL. https://msl. robocup. org/.

[150] Lu H,Yang S,Zhang H,et al. A Robust Omnidirectional Vision Sensor for Soccer Robots [J]. Mechatronics,2011,21(2):373 – 389.

[151] Lu H,Li X,Zhang H,et al. Robust and Real – time Self – localization Based on Omnidirectional Vision for Soccer Robots [J]. Advanced Robotics,2013,27(10):799 – 811.

[152] Peterson M. An Introduction to Decision Theory [M]. 2nd ed. London:Cambridge University Press,2017.

[153] Bouldin D,Davies D L. A Cluster Separation Measure [J]. IEEE Transactions on Pattern Analysis and Machine Intelligence,1979,1(2):224 – 227.

[154] Friedkin N E. The Problem of Social Control and Coordination of Complex Systems in Sociology:A Look at the Community Cleavage Problem [J]. IEEE Control Systems Magazine,2015,35(3):40 – 51.

[155] Ye M,Qin Y,Govaert A,et al. An Influence Network Model to Study Discrepancies in Expressed and Private Opinions [J]. Automatica,2019,107:371 – 381.

[156] French Jr J R. A Formal Theory of Social Power [J]. Psychological review,1956,63(3):181.

[157] Harary F. A Criterion for Unanimity in French's Theory of Social Power [J]. Studies in Social Power, 1959:168 – 182.

[158] Hegselmann R, Krause U, et al. Opinion Dynamics and Bounded Confidence Models, Analysis, and Simulation [J]. Journal of Artificial Societies and Social Simulation, 2002, 5(3):1 – 24.

[159] Proskurnikov A V, Tempo R. A Tutorial on Modeling and Analysis of Dynamic Social Networks. Part I [J]. Annual Reviews in Control, 2017, 43:65 – 79.

[160] Zhang Y, Zhou G, Jin J, et al. L1 – regularized Multiway Canonical Correlation Analysis for SSVEP – based BCI [J]. IEEE Transactions on Neural Systems and Rehabilitation Engineering, 2013, 21(6):887 – 896.

[161] Dragan A D, Srinivasa S S. A Policy – blending Formalism for Shared Control [J]. International Journal of Robotics Research, 2013, 32(7):790 – 805.

[162] Shang C, Fang H, Chen J, et al. Interacting with Multi – agent Systems through Intention Field based Shared Control Methods [C]. In Asian Control Conference, 2017:150 – 155.

[163] Cappo E A, Desai A, Collins M, et al. Online Planning for Human – multi – robot Interactive Theatrical Performance [J]. Autonomous Robots, 2018, 42(8):1771 – 1786.

[164] Han X, Lin K, Gao S, et al. A Novel System of SSVEP – based Human – robot Coordination [J]. Journal of Neural Engineering, 2018, 16(1):016006.

[165] Kolling A, Walker P, Chakraborty N, et al. Human Interaction with Robot Swarms: A Survey [J]. IEEE Transactions on Human – Machine Systems, 2015, 46(1):9 – 26.

[166] Stocks B J, Fosberg M A, Lynham T J, et al. Climate Change and Forest Fire Potential in Russian and Canadian Boreal Forests [J]. Climatic Change, 1998, 38(1):1 – 13.

[167] Rothermel R C C. A Mathematical Model for Predicting Fire Spread in Wildland Fuels [J]. Usda Forest Service General Technical Report, 1972, 115.

[168] Zhang Y, Xu P, Cheng K, et al. Multivariate Synchronization Index for Frequency Recognition of SSVEP – based Brain – computer Interface [J]. Journal of Neuroscience Methods, 2014, 221:32 – 40.

[169] Yin E, Zhou Z, Jiang J, et al. A Dynamically Optimized SSVEP Braincomputer Interface Speller [J]. IEEE Transactions on Biomedical Engineering, 2014, 62(6):1447 – 1456.